RAL · NEU 研究报告　No. 0001

大热输入焊接用钢组织控制技术研究与应用

轧制技术及连轧自动化国家重点实验室
（东北大学）

北　京
冶　金　工　业　出　版　社
2014

内 容 简 介

本书首先介绍了大热输入焊接用钢的国内外研究与应用现状，指出在国内应用的重要性和急需解决的问题；然后从氧化物冶金技术的角度对包括合金元素的氧化反应和氮化反应等基础研究内容进行了详细阐述和理论分析，最后介绍了著者有关钛、镁、锆、稀土等几种典型元素添加原型钢的最新研究成果及其在工业生产中的应用，汇总了调质态原油储罐钢板、TMCP 态造船用钢板、正火态海洋平台用钢板工程实施的成功案例。

本书对冶金企业、科研院所从事钢铁材料研究和开发的科技人员、工艺开发人员具有重要的参考价值，也可供高等院校钢铁冶金、材料科学、材料加工、热处理和焊接等专业的教师及研究生阅读、参考。

图书在版编目(CIP)数据

大热输入焊接用钢组织控制技术研究与应用/轧制技术及连轧自动化国家重点实验室(东北大学)著．—北京：冶金工业出版社，2014.9

(RAL·NEU 研究报告)

ISBN 978-7-5024-6674-9

Ⅰ.①大…　Ⅱ.①轧…　Ⅲ.①钢板轧制—研究　Ⅳ.①TG335.5

中国版本图书馆 CIP 数据核字(2014)第 206615 号

出 版 人　谭学余

地　　址　北京市东城区嵩祝院北巷 39 号　邮编　100009　电话　(010)64027926

网　　址　www.cnmip.com.cn　电子信箱　yjcbs@cnmip.com.cn

责任编辑　卢　敏　美术编辑　彭子赫　版式设计　孙跃红

责任校对　卿文春　责任印制　牛晓波

ISBN 978-7-5024-6674-9

冶金工业出版社出版发行；各地新华书店经销；北京百善印刷厂印刷

2014 年 9 月第 1 版，2014 年 9 月第 1 次印刷

169mm×239mm；9.25 印张；145 千字；135 页

36.00 元

冶金工业出版社　投稿电话　(010)64027932　投稿信箱　tougao@cnmip.com.cn

冶金工业出版社营销中心　电话　(010)64044283　传真　(010)64027893

冶金书店　地址　北京市东四西大街 46 号(100010)　电话　(010)65289081(兼传真)

冶金工业出版社天猫旗舰店　yjgy.tmall.com

(本书如有印装质量问题，本社营销中心负责退换)

研究项目概述

1. 研究项目背景与立题依据

1.1 项目背景

近年，随着造船、海洋工程、超高层建筑、桥梁、压力容器等制造业的迅速发展，使用中厚钢板的下游企业为提高施工效率和降低成本，逐步开始采用更为高效的大热输入焊接方法。但大热输入焊接时，由于焊接热影响区高温停留时间变长，容易导致奥氏体晶粒显著粗化，且焊后冷速小，造成焊接接头的强度和韧性严重恶化，产生焊接裂纹的几率增加，影响构件整体的安全使用。

由于传统的 TMCP 工艺采用的细晶强化方式，随着钢板厚度的增大，强化效果显著减弱。所以，为了满足厚钢板的高强度，通常需要额外添加能够产生析出强化和固溶强化的元素，这些合金元素的添加都会不同程度地对焊接热影响区韧性产生不利影响。因此，利用高温稳定的氧化物粒子抑制 HAZ 区奥氏体晶粒粗化及细化焊后组织，并且活用 TMCP 来抑制脆化组织的钢材制造理念已被普遍认同。

早在二十年前，日本的新日铁、JFE、神户制钢等企业已经能够生产大热输入焊接用钢，并逐渐应用于多个领域。日本的这三家主要钢铁企业，所采用的大热输入焊接用钢的生产技术均基于“氧化物冶金”（Oxides Metallurgy）这一理念，但实际应用于生产的技术措施与生产工艺却各有不同。新日铁采用的是自己研究开发的“HTUFF”技术（Super High HAZ Toughness Technology with Fine Microstructure Impacted by Fine Particles）；JFE 公司采用的是自己研发的“JFE EWEL”技术（Excellent Quality in Large Heat Input Welded Joints）；神户制钢早期采用的是称为“神户超韧化技术”即“KST”技术（Kobe Super Toughness），并结合 TMCP（Thermo Mechanical Control Process）

的精确控制来生产大热输入焊接用钢，而目前采用的是在原有技术基础上又引入新手段的“低碳多方位贝氏体”技术。“氧化物冶金”这一技术的实际应用，使日本钢铁企业能够生产出焊接热输入为390～680kJ/cm的EH40系列造船用钢板，厚度为80mm的船板钢可实现单道次焊接，使日本的造船效率迅速提高到我国的4～7倍。日本海洋工程用的高强度钢板焊接热输入已经达到200kJ/cm以上，其厚度适用范围可达100mm；桥梁用钢的焊接热输入可达350kJ/cm；超高层建筑用钢能够承受的热输入已经超过1000kJ/cm；水电、核电、原油化工等领域使用的压力容器、管线钢等也均能够实现大热输入焊接。

目前，我国许多企业已相继投入大量人力物力开始从事这项技术的研究开发，但实际应用业绩多限于热输入为100kJ/cm级的原油储罐用钢，在造船钢板、海洋工程、桥梁、高层建筑等许多急需大热输入焊接性能的品种钢目前尚无应用业绩报道。而且已经认证的原油储罐用钢在实际焊接过程中仍需要控制热输入在80kJ/cm左右。而其他国产结构钢的TMCP或正火材，只能承受50kJ/cm以下的焊接热输入，因此能够承受50kJ/cm以上热输入的大热输入焊接用钢研究开发与工业应用成为国内各钢铁企业关注的重点。目前国内多家钢厂已经开始大热输入焊接船板钢的工业试制，但尚无工业应用。鞍钢已经取得国内首家焊接热输入达100kJ/cm级别船板钢的船级社认证。由此可见，我国在大热输入焊接用钢的研究开发领域已经远远落后于日本。

1.2 立题依据

目前，国内企业开发大热输入焊接用钢时，通常采用传统的微细TiN作用机理，以避免焊接热影响区（HAZ）奥氏体晶粒的粗化。采用这种方法，在生产工艺合理的情况下，虽然钢板能够承受热输入达到100kJ/cm的要求。但是，当焊接热输入稍有提高或热影响区温度达到1400℃左右时，绝大部分TiN质点将会发生溶解而失去抑制晶粒长大的作用。而且Ti的氧化物在钢中很容易粗化为凝聚体，若不能控制其形成微细弥散的氧化物颗粒，则会形成大尺寸夹杂物，反倒成为结构物破损的裂纹源。因此急待研究开发TiN以外的钉扎机制和细化热影响区晶粒组织的新技术，掌握“氧化物冶金”技术的机理及新的生产工艺关键控制技术。

既有的氧化物冶金研究结果表明，Ca、Mg、Zr等与钢中的O、S具有极强的亲和力，能够形成高熔点的氧化物或硫化物及其复合化合物，CaO、MgO、CaS 等的熔点均超过 2500℃、热稳定性良好。这类高熔点且又弥散分布的微细第二相粒子，在高温下能够有效钉扎和阻止奥氏体晶粒长大，同时，这些微细的非金属夹杂物在焊后的冷却过程中还可以充当晶内铁素体的形核点，促进有利于韧性提高的细密针状铁素体或多位相的细小贝氏体组织形成，缩小焊接部位和基材性能的差异，大幅度提高焊接热影响区的综合性能。因此，采用氧化物冶金新技术，研究开发有效利用钢中微细夹杂物或第二相粒子抑制焊接热影响区奥氏体组织粗化、并在其后的相变过程中能够促成大量针状铁素体的形成，从而大幅度提高焊接热影响区韧性。

本项目以原油储罐用钢、船板钢、正火态海工钢为载体，依托实验室先进的设备条件，研究了氧化物冶金的基础原理，以及氧化物及其复合夹杂物的形成机理及控制规律。根据大热输入焊接用钢的生产工艺特点及作用原理，从化学成分设计、冶炼工艺、轧制工艺、热处理工艺、焊接工艺等几个方面，研究影响大热输入焊接用钢的诸因素，重点研究 Ti、Mg、Zr、Ce 等元素的添加时机和添加方法，以及夹杂物的类型、数量、尺寸和分布状态的相关工艺控制技术，形成了大热输入焊接用钢的生产工艺控制新理论及新技术，并结合国内钢铁企业的宽厚板生产线，进行新工艺的实践。

在原油储罐用钢方面，突破目前工程实施中焊接热输入控制在 100kJ/cm 以下的局面，将钢板的焊接热输入提高到 200kJ/cm 以上，能够适应 15 万立方米及以上容积的大型原油储罐钢板的焊接要求，同时可将现有的 10 万立方米原油储罐厚度大于 21mm 钢板的两道次气电立焊减少为一道次气电立焊，提高焊接效率、降低焊接成本；在船板钢方面，突破现有的 100kJ/cm 的局面，开发出建造大型船舶所需的 300kJ/cm 以上热输入的钢板以代替进口；在正火态海工钢突破现有的 50kJ/cm 的局面，在较高碳含量及碳当量的条件下，实现 100kJ/cm 以上的大热输入焊接并实现免预热。

2. 研究进展与成果

2.1 理论研究

通过计算、比较和分析合金元素与钢中氧或氮反应的 Gibbs 自由能，来评价主要元素获得氧或氮的能力，预测在不同氧含量、氮含量和不同温度下产生的氧化物和氮化物类型，指导开发钢的成分设计及工艺设计。获得的成果如下：

（1）钢中析出 Ti_2O_3 的条件为 $\frac{[\%Ti]}{[\%Al]} > 6.27$；析出 TiO_2 的条件为 $\frac{[\%Ti]^3}{[Al\%]^4} > 6.45 \times 10^6$，钛铝比至少为 19；生成 Ti_3O_5 的热力学条件为 $\frac{[\%Ti]^9}{[\%Al]^{10}} > 6.859 \times 10^8$，钛铝比至少达到 5.03。

（2）钢液中各合金元素获氮能力排序：Zr > Ti > Nb > Al > B > V。钛锆竞争获氮反应中，获得 TiN 的热力学条件为：$\frac{[\%Ti]}{[\%Zr]} \geqslant 1.58$。

2.2 实验室基础研究

研究了 Ti、Mg、Zr、Ce 等元素的添加时机和添加方法，以及对夹杂物的类型、数量、尺寸和分布状态的影响规律，获得的成果如下：

（1）采用新的冶炼工艺，夹杂物的平均尺寸比传统钢更加细小，TiN 粒子数量约为传统钢的 3 ~ 5 倍左右，含 Ti 氧化物数量为传统钢 10 倍以上。

（2）不同类型、尺寸的夹杂物对原奥氏体晶界组织、晶内组织有不同的影响规律，尺寸为 5 ~ 8μm 的这类夹杂物也具有一定的晶内铁素体形核能力，且也能够形成具有 IAF 特征的 IGF。

（3）形成了一套新的氧化物冶金技术控制理论及控制工艺技术，实验室通过新工艺的实行，已开发出焊接热输入为 100 ~ 1000kJ/cm 的多种原型钢。

2.3 工业应用情况

将实验室研究的氧化物冶金新工艺控制技术在国内钢铁企业的宽厚板生产线上得以顺利实现，开发出了新型原油储罐用钢板、造船板、正火态海洋工程用钢，其结果如下：

（1）原油储罐用钢：采用新工艺生产的新型原油储罐用钢的各项力学性能达到国家相关标准要求，模拟焊接热输入可达到 400kJ/cm，实际气电立焊可达 228kJ/cm，经中石化第十建设公司按照 15 万立储罐的焊接技术要求进行焊接实验，全部钢板均耐受大于 145kJ/cm 的大线能量焊接，满足 15 万立储罐的焊接技术要求。该钢厂采用此技术目前已实现了稳定生产与批量供货，截至 2013 年 2 月，已获销售收入 1.46 亿元。该技术获 2013 年度冶金科学技术进步奖二等奖。

（2）造船板：采用新工艺生产的 EH40 造船钢板，力学性能符合国家标准及船级社规范要求，模拟焊接热输入能够达到 800kJ/cm，实物焊接热输入在 430kJ/cm 的条件下仍具有良好的强度和韧性。该钢板的大面积推广应用，将大幅度提升我国造船行业的生产效率，降低船舶舰艇的制造成本，给相关企业带来巨大的经济效益，同时对我国的国防建设将产生深远的积极影响。

（3）正火态海洋工程用钢：采用新工艺生产的大热输入焊接用海洋平台正火钢，各项力学性能符合国家标准及各船级社规范，在 CEQ 值为 0.43、不需要预热的情况下，模拟焊接热输入为 200kJ/cm 时仍具有较高的富余量，实际气电立焊在热输入为 300kJ/cm 的条件下，仍具有合格的焊接性能。

3. 论文与专利

论文：

（1）Shi Minghao，Zhang Pengyan，Zhu Fuxian. Toughness and microstructure of coarse grain heat affected zone with high heat input welding in Zr-bearing low carbon steel [J]. ISIJ Int，2014，54(1)：188 ~ 192.

（2）Shi Minghao，Zhang Pengyan，Wang Chao. Effect of high heat input on toughness and microstructure of coarse grain heat affected zone in Zr bearing low carbon steel [J]. ISIJ Int，2014，54(4)：932 ~ 937.

（3）张朋彦，高彩茹，朱伏先. 超大热输入焊接用 EH40 钢的模拟熔合线组织与性能[J]. 金属学报，2012，48(3)：264 ~ 270.

（4）张朋彦，高彩茹，朱伏先. 大热输入焊接用钢的组织与力学性能[J]. 东北大学学报，2012，33(1)：82 ~ 85.

（5）石明浩，张朋彦，刘纪源，朱伏先. Zr 微合金钢粗晶热影响区韧性和组织分析[J]. 材料科学与工艺，2013，21(3)：1 ~ 5.

（6）石明浩，段争涛，张朋彦，朱伏先. 夹杂物对 Ti，Zr 微合金钢中针状铁素体形成的影响[J]. 东北大学学报，2012，33(10)：1424～1427.

(7) 张朋彦，燕际军，高彩茹，朱伏先. 含Ti夹杂物对大热输入焊接用钢HAZ韧性的影响[J]. 钢铁，2012，47(11)：79～84.

(8) 张朋彦，朱澍勋，张慧云，朱伏先. DQ-T工艺对12MnNiVR钢组织性能的影响[J]. 东北大学学报，2012，33(12)：1715～1719.

(9) 张朋彦，朱伏先，王国栋. 基于氧化物冶金的焊接热影响区组织控制产业化技术研究开发[J]，中国科技成果，2013，16：38～41.

(10) Shi Minghao, Liu Jiyuan, Zhu Fuxian. Effect of Ti and Zr deoxidation process on the inclusions in low carbon steel[C]. Applied Mechanics and Mater, 2013, 313: 266～269.

专利：

(1) 一种超大热输入焊接用结构钢及其制造方法. CN102080193。

(2) 一种大热输入焊接用结构钢及其制造方法. CN102080189。

(3) 大热输入焊接用含硼原油储罐钢板的生产方法. CN102242309。

(4) 采用直接淬火工艺生产原油储罐钢板的方法. CN102230057。

(5) 一种提高钢板在大线能量焊接条件下热影响区韧性的方法. CN101476018。

4. 项目完成人员

姓　名	职　称	完成单位
张朋彦	讲　师	东北大学RAL国家重点实验室
朱伏先	教　授	东北大学RAL国家重点实验室
王国栋	教授（院士）	东北大学RAL国家重点实验室

5. 报告执笔人

报告执笔人：张朋彦

6. 致谢

本研究是在东北大学轧制技术及连轧自动化国家重点实验室王国栋院士

的悉心指导下，以及课题组成员朱伏先、张朋彦、石明浩、朱澍勋、陈光勇、卢杰等的精诚合作下完成的。项目完成过程中，实验室完善的装备条件和先进的检测手段，为本研究创造了良好的研究环境，衷心感谢实验室各位领导、相关老师和工程技术人员所给予的热情帮助和大力支持。

本研究成果能够在工业生产线上成功地得以实现，衷心感谢湖南华菱湘潭钢铁集团有限公司曹志强、杨云清、肖大恒、谭小斌、吴进、杨勇、李玲玲、孙小平、于青、高海亮等人员的大力支持；衷心感谢南京钢铁集团有限公司吴年春、崔强、邓伟等人员的大力支持；衷心感谢所有对本项目给予帮助和做出贡献的相关人员。

目　录

摘要 …… 1

1　绪论 …… 3

1.1　研究背景 …… 3

1.2　国内外开发情况 …… 5

1.2.1　国外开发情况 …… 5

1.2.2　国内开发情况 …… 20

1.3　大热输入焊接用钢开发的技术措施 …… 23

2　大热输入焊接用钢生产技术的基础研究 …… 25

2.1　氧化物冶金技术 …… 25

2.2　钢中氧、氮化物析出的热力学 …… 27

2.2.1　合金元素的氧化反应 …… 28

2.2.2　合金元素的氮化反应 …… 39

2.2.3　小结 …… 43

2.3　实验室基础研究 …… 43

2.3.1　钛添加钢的基础研究 …… 45

2.3.2　镁添加钢的基础研究 …… 61

2.3.3　锆添加钢的基础研究 …… 83

2.3.4　稀土添加钢的基础研究 …… 105

3　大热输入焊接用钢的研发及工业应用 …… 112

3.1　原油储罐用钢板 …… 112

3.1.1　试制钢坯料化学成分 …… 112

3.1.2　生产线热处理结果 …… 113
3.1.3　焊接热模拟试验结果 …… 113
3.1.4　气电立焊实验结果 …… 115
3.1.5　夹杂物分析 …… 117
3.1.6　小结 …… 117
3.2　造船用钢板 …… 118
3.2.1　试制钢坯料化学成分 …… 118
3.2.2　钢板力学性能 …… 119
3.2.3　大热输入焊接结果 …… 119
3.2.4　小结 …… 122
3.3　海洋平台用钢板 …… 122
3.3.1　试制钢坯料化学成分 …… 123
3.3.2　钢板力学性能 …… 123
3.3.3　大热输入焊接结果 …… 124
3.3.4　小结 …… 126

4　结论 …… 128

参考文献 …… 129

摘　要

低合金高强度钢板广泛应用于船舶、桥梁、海洋平台、高层建筑、管线、压力容器、大型石油储罐等大型结构中，使用这类钢板的企业为提高施工效率和降低成本，越来越多地采用大热输入焊接方法。目前我国仅有大型石油储罐和造船板这两个钢种能够实现100kJ/cm的大热输入焊接，其焊接热输入量水平远远落后于日本等钢铁技术发达国家，而在其他工业领域应用的大热输入焊接用钢的生产仍是空白。开发大热输入焊接用钢是我国钢铁工业科学与技术发展的重点目标之一。鉴于国外对此技术的严密封锁，本书对大热输入焊接用钢的生产工艺控制技术进行了详细研究。从化学成分设计、冶炼、轧制、热处理、焊接等多个方面，研究分析影响钢板大热输入焊接性能的因素，形成了比较完整的生产大热输入焊接用钢的工艺控制技术。主要研究工作和成果如下：

（1）以提高钢板的大热输入焊接性能为出发点，研究了主要化学元素在冶炼过程中其氧、氮化物析出的热力学；合金元素与氧、氮反应的Gibbs自由能；钢中氧、氮化物析出的能力强弱、析出顺序及影响因素，合理地确定出各元素的比例，设计出大热输入焊接用钢的化学成分。

（2）在基本化学成分相同的情况下，通过调整冶炼工艺，控制合金的添加顺序和添加时机，使开发钢的小尺寸夹杂物数量为传统钢的数倍至十余倍，大尺寸夹杂物数量少于传统钢。开发钢在经历大热输入焊接热循环时，原奥氏体晶粒长大受到强烈抑制且形成大量晶内针状铁素体，焊接热影响区的冲击韧性远高于传统钢，形成了新型氧化物冶金控制技术。

（3）研究了采用新工艺向钢中添加钛、镁、锆、稀土四种主要元素对钢板大热输入焊接性能的影响规律；新型冶炼工艺对钢中夹杂物类型、数量、尺寸、分布的影响；焊接热输入对HAZ组织和性能的影响；热影响区温度对夹杂物的溶解与再析出的影响；晶内针状铁素体的形核机理以及感生形核的二次针状铁素体对组织性能的影响。研究结果表明：采用新工艺添加的这四种元素，钢板均具有良好的大热输入焊接性能，最高焊接热输入达到1000kJ/cm（$t_{8/5}$=818s，PT=1400℃，保温60s）时，-20℃的冲击功值仍高于100J。

（4）研究了试验钢中不同类型、尺寸的夹杂物对HAZ区域原奥氏体晶粒尺寸、晶界组织和晶内组织的影响规律。结果表明：在焊接热影响区温度为1400℃及以上温度区域内，TiN的作用减弱，熔点高、热稳定性好的一定类型的氧化物复合夹杂物能够有效提高焊接热影响区韧性；熔合线附近部位的原奥氏体晶界处的晶界铁素体（GBF）晶粒细小且形态以多边形块状为主，呈链状沿奥氏体晶界分布，不会形成传统钢的片膜状GBF；形成晶内针状铁素体（IAF）的有效夹杂物多为含高熔点、热稳定性好的氧化物的复合夹杂物，且尺寸多为0.5~5μm；尺寸为5~8μm的这类夹杂物也具有一定的晶内铁素体（IGF）形核能力，且也能够形成IAF。试验钢在大热输入焊接及超大热输入焊接条件下，显微组织主要由块状的晶界铁素体、晶内多边形铁素体（IPF）和晶内针状铁素体组成，且IAF面积分数占50%以上，无板条贝氏体和粒状贝氏体组织，具有良好的冲击韧性。

（5）工业试制的石油储罐钢板在热输入为400kJ/cm，峰值温度为1400℃的条件下，-20℃冲击功大于150J，试制钢在焊接热输入为200kJ/cm的气电立焊条件下，熔合线处-20℃冲击功大于90J，能够取代进口钢板满足容积为15万立方米及以上原油储罐的建造要求，且在原认证钢合金成本的基础上能够节约300元/吨左右，其综合性能指标已居国内同类产品的领先水平，大热输入焊接性能已经超过日本进口SPV490Q钢板的实物水平，现已实现批量供货；工业试制的TMCP态造船钢板的模拟大热输入焊接性能可达到800kJ/cm，实物气电立焊热输入可达430kJ/cm，达到国际先进水平；工业试制的较高C含量的正火态海洋平台用钢，在C_{eq}=0.44的情况下，模拟焊接热输入能够达到200kJ/cm，实际气电立焊在热输入为300kJ/cm的条件下，仍具有合格的性能。研究结果，形成了完整的大热输入焊接用钢产业化共性技术，为大热输入焊接用钢的国产化奠定了技术基础。

关键词：大热输入焊接；焊接热影响区；冶炼工艺；微观组织；夹杂物；晶内针状铁素体；力学性能；低温韧性

1 绪　论

1.1 研究背景

近年来，我国钢铁业进入了前所未有的高速发展时期，2012 年全国粗钢产量为 71654 万吨，在粗钢产能方面居于世界首位。我国在成为钢铁大国的同时，也正向钢铁强国迈进。在国内钢铁材料研究者和生产者们不断努力工作中，国产钢结构材料在力学性能如强度、韧性和成型性方面也有了卓越的提高。然而在不断追求钢材更高力学性能的同时，我们更希望国产钢材在结构实体服役过程中具备完整性和可靠性，这就要求钢材的焊接部位与母材具有相似的力学性能。

随着低碳低合金高强度结构钢厚钢板在船舶、桥梁、海洋平台、高层建筑、管线、压力容器、大型石油储罐等大型结构物的使用日益广泛，这些使用低合金高强钢的企业为提高焊接施工效率和降低成本，高效的多丝埋弧自动焊、气电立焊、电渣焊等大热输入焊接方法成为最为实用的焊接方式。在此背景下，适用于大热输入焊接的不同规格不同强度级别宽厚板的研究备受关注。

焊接热输入量的计算方法是：

$$E = \frac{IU}{v} \tag{1-1}$$

式中　E——焊接热输入量，kJ/cm；

I——焊接电流，A；

U——焊接电压，V；

v——焊接速度，cm/s。

一般地，将焊接热输入大于 50kJ/cm，称为大热输入焊接。而传统的钢板在较高热输入下焊接时，特别是在热输入大于 50kJ/cm 情况下，焊接接头的力学性能会发生严重下降，甚至会低于母材钢板的力学性能。所以，目前我国的部分钢种在考察焊接性能时，其评价焊接热输入的指标多限定在≤50kJ/cm，如船板钢、桥梁钢等。由于焊接热输入的增大，焊接热影响区的高温停留时间变长，奥氏体晶粒严重粗化，并且由于焊后冷却速度缓慢，在焊接热影响区容易形成粗大的侧板条铁素体、魏氏组织、上贝氏体等异常组织，M-A岛数量增加且粗大，使焊接热影响区强度和韧性下降较大，并容易产生裂纹等缺陷，影响整体结构件的安全使用性能，导致其不能满足服役要求，甚至在使用过程中发生恶性事故。因而，在中厚板的焊接过程中，通常只能采用较低热输入多道次焊接以保证热影响区的力学性能，但是这种焊接方法效率较低、生产成本相对较高，与现代经济发展所要求的低成本、高效率和减量化生产是相违背的。因此，研究开发出满足大热输入焊接用低合金高强度用钢是解决焊接热影响区低温韧性恶化的有效途径。为此，国内外竞相开发多种用途的大热输入焊接用钢板，分别应用于各种领域。

2006年中国金属学会和中国钢铁工业协会联合发布了《2006～2020年中国钢铁工业科学与技术发展指南》，提出了今后15年的钢材发展目标，其中2006～2010年的钢材发展主要目标有：

（1）20%普碳钢材在韧性基本不变的情况下，强度提高1倍。

（2）稳定生产高强度、高韧性、低屈强比的各类钢板，如屈服强度400～800MPa，抗拉强度600～1400MPa级高强度高韧性板材，X80管线板等。

（3）稳定生产优质耐火、耐候、抗震钢板，以及抗拉强度大于1000～1400MPa级超洁净、超高强度新钢种。

（4）细晶和超细晶、高洁净度、高均匀性钢材覆盖面不小于10%。

（5）全面建成具有中国特色、国际化的冶金新材料体系，包括火电、水电、核电设备用新钢材，造船用焊接不预热和大热输入焊接用钢，－160℃低温钢，汽车用600～800MPa级高强度钢板，高速火车用各种钢材，石油和海洋工程用新钢材，制造业用各类冶金新材料等。

这里明确了大热输入焊接用钢是我国钢铁行业重点发展的目标之一。在当前所倡导的建立节约型经济背景下，有必要通过我们钢种开发者的工作，突破大热输入焊接热影响区（HAZ）韧性恶化的瓶颈，实现大热输入焊接用钢的国产化目标。

1.2 国内外开发情况

1.2.1 国外开发情况

1.2.1.1 大热输入焊接技术

大热输入焊接用钢一直以来都为世界钢铁工业发达国家竞相追逐的先进技术之一，其中日本在大热输入焊接用钢的理论研究和生产技术上都走在世界前列。特别是日本几家著名的钢铁公司如新日铁、JFE 制铁和神户制钢等企业已成功在生产线上实现 100 ~ 1000kJ/cm 大热输入用中厚板的商品化生产，其钢种已覆盖造船、桥梁、高层建筑、海洋结构、管线、压力容器等多个领域，并积极将其产品推向世界市场，赢得了厚板应用商的广泛认同，成为日本钢铁业占据厚板市场的拳头产品。

目前，新日铁、JFE 和神户制钢等三家主要钢铁企业，所采用的大热输入焊接用钢的生产技术均基于“氧化物冶金”（Oxides Metallurgy）这一理念，但实际应用于生产的技术措施却各有不同。新日铁采用的是自己研究开发的“HTUFF”技术（Super High HAZ Toughness Technology with Fine Microstructure Impacted by Fine Particles）；JFE 公司采用的是自己研发的“JFE EWEL”技术（Excellent Quality in Large Heat Input Welded Joints）；神户制钢早期采用的是称为“神户超韧化技术”即“KST”技术（Kobe Super Toughness），并结合 TMCP（Thermo Mechanical Control Process）的精确控制来生产大热输入焊接用钢，而目前采用的是在原有技术基础上又引入新手段的“低碳多方位贝氏体”技术。以下分别详细说明。

A 新日铁公司

新日铁公司长期致力于大热输入焊接用钢的研究，特别是焊接热影响区 HAZ（Heat Affected Zone）的金属组织控制的研究。20 世纪 70 年代研究了各种添加元素对微观组织的影响。研究结果表明：利用 TiN 细粒状弥散分布的粒子可以抑制焊接时奥氏体的晶粒粗大，以减轻大热输入焊接时热影响区脆化的效果最好。90 年代利用超高温度下氧化物和硫化物很难融化的特点，可抑制 HAZ 区域晶粒长大，研发出 Ti_2O_3 钢。但因超高温下 Ti_2O_3 多数粗大化及数量降低，造成钢板焊接 HAZ 区域性能，尤其低温冲击性能下降，而没有呈现微小粒子引起的钉扎抑制晶粒长大的效果。1994 年启动了作为第三代的 HTUFF 技术的研发开发。HTUFF 技术的开发，是以该公司 1990 年初期内部积蓄的前期研究成果为契机，自 HAZ 的晶粒微小化控制的基础研究开始的[1~5]。这种 HTUFF 钢是通过对母材进行微量的 Ca、Mg 处理，使其在钢中形成 Ca、Mg 的氧化物和硫化物粒子，采用 HTUFF 技术的开发使钢中含有适量的镁和钙时，微米级的粗大氧化物和硫化物在超高温度下可转化为纳米级的超微小粒子，利用这些高温热稳定的细小弥散粒子钉扎大热输入条件下焊接 CGHAZ 的奥氏体晶界，细化奥氏体晶粒。同时利用这些氧化物作为晶内针状铁素体 IAF（Intra Acicular Ferrite）的形核点，使焊接 CGHAZ（Coarse Grain Heat Affected Zone）内形成强韧性较好的 IAF 组织，进而显著提高大热输入焊接 CGHAZ 的韧性。其原理如图 1-1 所示。

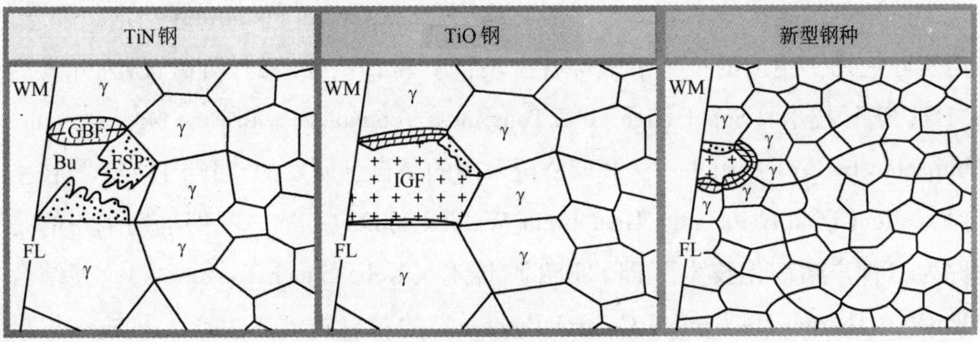

图 1-1　通过 HTUFF 技术控制 HAZ 组织的原理

WM—焊接金属；FL—熔合线；γ—奥氏体；GBF—晶界铁素体；

FSP—侧板条铁素体；IGF—晶内铁素体；Bu—上贝氏体

图 1-1 表明了新开发的钢种在大热输入焊接热影响区（HAZ）保持较高韧性的原因，主要是抑制熔合线附近奥氏体晶粒的长大和控制晶内组织细化，使其可以有效阻碍裂纹的萌生和扩散。HTUFF 工艺的核心技术是利用新一代氧化物冶金新工艺，获得尺寸在 10 ~ 100nm 级微细夹杂物粒子，利用 Mg、Ca 或 REM 等元素的原子形成氧化物和硫化物，如图 1-2 所示。这些粒子能在 1400℃ 以上的高温保持不溶解，并使之大量均匀地分散在钢中，会对原奥氏

体晶粒产生强烈的钉扎作用而抑制了热影响区（HAZ）的晶粒粗化，进而有效地保证了在大热输入焊接 HAZ 的低温韧性与母材相当。

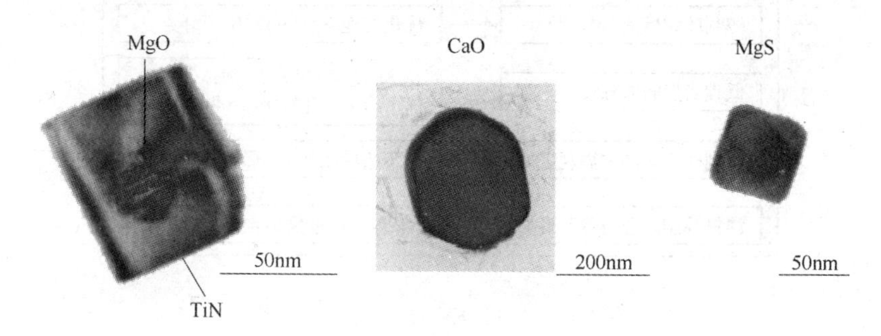

图 1-2　在 HTUFF 中钉扎的粒子类型

HTUFF 是由日本新日铁在 20 世纪 90 年代，通过汇集材料、炼钢、轧钢、分析测试所的研究人员、现场科研工作者，并联合了君津、名古屋、大分制铁所及技术开发本部的大批科研生产力量，历时十余年而开创的一门钢铁冶金新技术。该工艺是日本钢铁界值得大为称道的生产技术发明之一。为此，在 2004 年 4 月 HTUFF 工艺获得了日本第 36 界市村产业奖[6]。新日铁利用先进的氧化物冶金技术已生产出了大量的高强度、优异低温韧性的大热输入焊接用钢[7]。

B　JFE 公司

JFE 实现大热输入焊接的技术与新日铁的技术存在一定的区别。JFE 钢铁公司开发的 JFE EWEL 技术是 JFE 公司为了发展新一代的先进大热输入焊接用船舶、桥梁和建筑等高强度、高韧性的厚规格钢板而开发的新冶金工艺[8]。其核心是通过强有力的工艺措施、合理的合金设计改善材料组织的均一化以保证焊接性能。JFE EWEL 冶金新技术包含了四项基本内容（如图 1-3 所示）[9]：（1）热影响区（HAZ）γ 晶粒细化技术；（2）HAZ 晶内组织控制技术；（3）最优成分设计和生产方法的优化技术；（4）利用焊缝金属中的 B 的扩散来控制 HAZ 组织技术。

抛开第四项的焊接材料设计因素，从冶炼和轧制等角度来看，JFE-EWEL 技术主要包括以下三个方面[10~12]：

（1）热影响区（HAZ）γ 晶粒细化技术：为了减小大热输入焊接的粗化晶粒区域，控制高温奥氏体晶粒生长非常有必要。为了解决这个问题，JFE

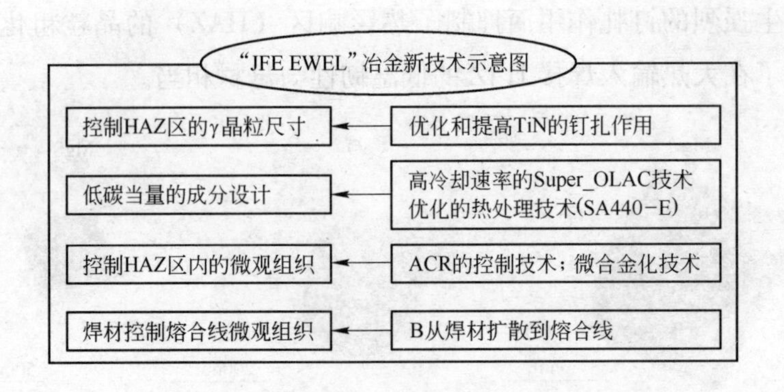

图 1-3 “JFE EWEL”技术示意图

利用高温稳定的氮化物和氧化物共同抑制奥氏体晶粒的粗化。在工业生产中多通过控制钢中形成大量微细分散的 TiN 来实现奥氏体晶粒的细化，这种方法是通过控制钢中的 Ti 含量、N 含量、Ti/N 的比值以及微合金化，来提高 TiN 的固溶温度，使 TiN 的固溶温度由原来的不足 1400℃，提高到 1450℃以上，显著抑制 HAZ 区域奥氏体晶粒的粗化。钢板在 1400℃保温 80s 的情况下，奥氏体晶粒尺寸可达 200μm 以下，焊接粗晶热影响区 CGHAZ 及熔合线 FL（Fusion Line）部位仍具有良好的冲击韧性。

（2）HAZ 晶内组织控制技术：一方面，是通过降低碳当量（C_{eq}）来改变晶内组织。由于在高强度钢中，合金元素的多量添加使 C_{eq}值增加，在 HAZ 区域会形成大量上贝氏体（Bu）或侧板条铁素体（FSP），使 HAZ 韧性显著恶化。通过降低 C_{eq}值，会使 HAZ 区域的上贝氏体组织变成铁素体 + 贝氏体组织（F + B）或铁素体 + 珠光体组织（F + P），同时还能够抑制 M-A 组织的形成，有益于 HAZ 韧性。但是，由于 C_{eq}值的降低，HAZ 区域的组织变化会使硬度降低，所以还必须要考虑焊接接头的强度级别，对钢板的化学成分进行合理设计。另一方面，是活用 BN 和 Ca 系夹杂物，使其在 γ→α 相变过程中，作为晶内铁素体的形核质点，从而细化 HAZ 组织。活用 BN 是为了降低不利于 HAZ 韧性的自由 N；活用 Ca 系夹杂物是采用 JFE 公司的 ACR 控制（atomic concentration ratio，简称 ACR），即控制 O、S、Ca 的原子浓度比，严格实行“硫化物形态控制指标”，通过这种方法来控制 Ca 系夹杂物的形态，使其成为晶内铁素体的有效形核质点，并且控制其大量生成。通过以上这两个方法来共同细化晶内组织。

（3）最优成分设计和生产方法的优化技术：使用 Super-OLAC 高冷却速率的最优合金设计。一般情况下，随着钢板的强度和厚度的增加，通常提高 C 含量和添加其他合金元素，但是这将导致碳当量增加、热影响区韧性降低。为了解决这个问题，基于 Super-OLAC 生产工艺，可以得到理论上的极限冷却速率，能够抑制碳当量的增加，在钢板具有最低限度的碳当量情况下，获得高的抗拉强度和良好的韧性，同时 HAZ 区域上贝氏体的形成大部分被抑制，韧性也得到大幅度提高。

从以上的技术原理图中，我们可以看出 JFE EWEL 技术从钢材的冶炼、控轧控冷过程再到最终的焊接工艺都纳入考虑范围。JFE 公司已经利用这种技术开发了多个大热输入焊接的钢种[13]。

C 神户制钢公司

神户制钢生产大热输入焊接用钢的早期技术是 80 年代被称为“神户超韧化（KST）”的技术，并结合其自身特有的控轧控冷工艺进行生产。其主要控制策略是通过微量 Ti 的添加，并精确控制 Ti 含量与 N 含量，采用特有的工艺，使钢中形成大量细小的 TiN 粒子，并控制其分布状态。析出的 TiN 在焊接过程中，能够抑制原奥氏体晶粒的粗化，同时能够增加铁素体的形核位置，使钢板在大热输入焊接后仍具有良好的韧性[14]。由于近年来用户的需求越来越高，原有技术已不能满足生产，所以神钢在已有技术的基础上，又引入新概念，形成了大热输入焊接用钢生产的新技术，称之为“低碳多方位贝氏体”技术。这种技术的特点是：对原有控制 HAZ 韧性策略的不足之处进行分析和改进。如：原有的“控制熔合线处 γ 晶粒粗化”的技术手段，使 TiN 微细分散很有效果，但是如果焊接热输入量超过 500kJ/cm，TiN 将会绝大部分固溶，抑制奥氏体晶粒粗大的作用不明显；原有的“细化 HAZ 晶内组织”是促进产生大量晶内铁素体来细化，但是对于高强钢来讲，由于添加大量的合金元素，在 HAZ 区域的奥氏体相变时会形成贝氏体组织，所以要控制贝氏体组织的微细化；原有控制 MA 组织是采用低碳化方法，但是在 HAZ 区域的 γ 相在冷却过程中，碳会向未发生相变的 γ 中浓缩，所以要采取措施来抑制碳的浓缩。因此，要实现高强钢的大热输入焊接性能良好，需要合理控制强碳化物生成元素和弱碳化物生成元素的添加，使钢板的大热输入焊接 HAZ 区域的 MA 组织大幅减少，贝氏体组织细化，能够大幅度提高 HAZ 韧性。由此形成了神户制钢的“低碳多方位贝氏体”技术，所开发的抗拉强度 780MPa 级别的高强钢焊接热输入已达到 400kJ/cm[15]。

以下，将日本主要钢铁公司生产的大热输入焊接用钢，按照钢种的类别来分别介绍。

1.2.1.2 大热输入焊接用钢种

A 大热输入焊接用船板钢

高强钢板用于造船可以减轻船身重量，降低油耗，也就是所谓的“节能船”。随着钢铁生产和船舶设计技术的发展，集装箱船已经发展到了 8000 ~ 10000 箱装载量，现有的 EH40 级别钢板已经不能满足造船需求，为此日本 JFE 公司采用 JFE-EWEL 技术生产 YP460 船板，焊接热输入量能够达到 360kJ/cm，于 2007 年 5 月取得日本海事协会的认可，并开始实际应用[16]。开发钢采用低 C 化成分设计，利用高温稳定的氮化物和氧化物来抑制 HAZ 区域 γ 晶粒的粗化、抑制晶界铁素体的长大、细化晶内组织，包括控制 M-A（Martensite Austenite Constituent）组织的尺寸与形态，采用 TMCP（Thermo Mechanical Control Process）技术，利用 Super-OLAC（OLAC：On-Line Accelerated Cooling）设备进行生产。从 2003 年至 2007 年 JFE 采用 JFE-EWEL 技术生产的集装箱船板钢累计超过 10 万吨。YP460 船板的力学性能与大热输入焊接性能如表 1-1 和图 1-4 所示。

表 1-1 YP460 船板的力学性能与焊接性能

厚度 /mm	R_{eL} /MPa	R_m /MPa	A /%	A_{KV}(−40℃) /J	焊接方法	焊接电流 /A	焊接电压 /V	焊接速度 /cm·min^{-1}	热输入 /kJ·cm^{-1}
60	508	654	21	282	EGW	390	42	2.7	364

在 YP460 钢板的开发之前，日本 JFE 公司的 EH40 船板钢的焊接热输入量已经能够达到 680kJ/cm，在此焊接热输入情况下，其熔合线部位 −20℃ 平均冲击功值大于 200J，−40℃ 冲击功平均值大于 180J。其化学成分与力学性能如表 1-2 所示，双丝气电立焊结果如表 1-3 所示[17]。这种双丝气电立焊机

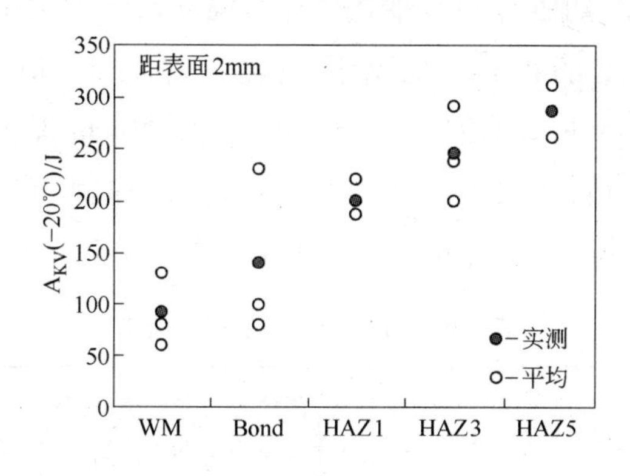

图 1-4　EGW 焊接接头的冲击结果

是日本为了焊接超大热输入船板钢而研发的，已经在造船行业广泛应用，对于 40 ~ 100mm 厚度的钢板可实现一道次焊接成形，其焊接效率比传统方法提高数十倍。这种双丝气电立焊机是在现有的单丝气电立焊机的基础上，增加了第二套电源及控制系统，配以实心焊丝和药芯焊丝采用双丝共熔池方法，两个独立焊接电源采用各自的控制系统，能够调节基值电流和峰值电流位相差，以匹配双丝的电弧特性，并以电弧反馈信号调节焊接速度。国内一些造船厂从 2007 年开始购进这类双丝气电立焊机，以期更加高效地缩短造船工期并节约施工成本。

表 1-2　EH40 船板的化学成分与力学性能

厚度	化学成分（质量分数/%）							R_{eL}	R_m	A	A_{KV}(－40℃)
/mm	C	Si	Mn	P	S	其　他	C_{eq}	/MPa	/MPa	/%	/J
80	0.08	0.22	1.54	0.007	0.001	Ti、Ca 等	0.36	411	532	28	265

表 1-3　EH40 船板气电立焊结果

厚度/mm	焊接方法	坡口形式	道次	电极	焊接电流/A	焊接电压/V	焊接速度/cm·min^{-1}	热输入/kJ·cm^{-1}
80	EGW	20° 80mm 10mm	1	前丝	400	42	2.9	680
				后丝	400	40		

JFE 公司同一时期还有 LPG 船用的屈服强度大于 355MPa 级的 FH36 低温钢板，17.5mm 厚度的钢板，经焊接热输入量为 108kJ/cm 的埋弧焊后，-55℃仍具有良好的冲击功值，如表 1-4 所示；50mm 厚度的此种钢板采用 130kJ/cm 的埋弧焊后，熔合线 -40℃的平均冲击功值大于 140J，其化学成分与力学性能如表 1-5 所示，焊接结果如表 1-6 及图 1-5 所示。

表 1-4　LPG 船用钢板焊接结果

厚度 /mm	焊接方法	坡口形式	焊接电流 /A	焊接电压 /V	焊接速度 /cm · min^{-1}	热输入 /kJ · cm^{-1}	A_{KV}(-55℃) /J	
17.5	SAW (FAB)	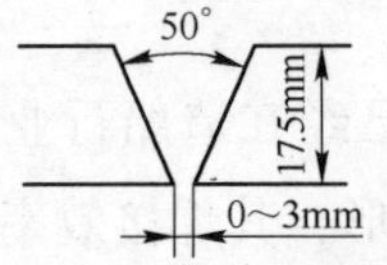 50°；17.5mm；0～3mm	950	38	20	108	FL	84
							HAZ1mm	100
							HAZ3mm	262
							HAZ5mm	301

表 1-5　50mm 厚度 LPG 船用钢板化学成分与力学性能

厚度	化学成分（质量分数/%）							R_{eL}	R_m	A	A_{KV}(-40℃)
/mm	C	Si	Mn	P	S	其 他	C_{eq}	/MPa	/MPa	/%	/J
50	0.07	0.19	1.56	0.008	0.002	Ti、Ca 等	0.36	399	546	30	292

表 1-6　50mm 厚度 LPG 船板焊接结果

厚度 /mm	焊接方法	坡口形式	道次	电极	焊接电流 /A	焊接电压 /V	焊接速度 /cm · min^{-1}	热输入 /kJ · cm^{-1}
50	SAW (KX)	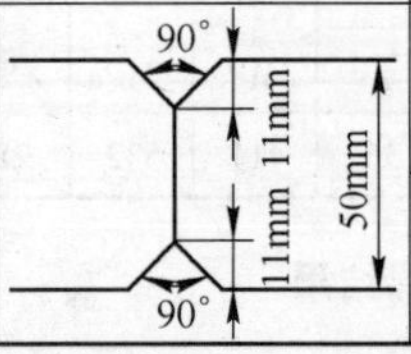 90°；11mm；11mm；50mm；90°	1	L	1600	35	50	132
				T	1200	45		
			2	L	1700	35	55	129
				T	1300	45		

日本新日铁公司利用“HTUFF”技术生产大热输入焊接用船板钢。由于传统的 TMCP 工艺采用的相变强化方式，随着钢板厚度的增大而强化效果减弱，所以，为了满足厚钢板的高强度，很有必要添加最低限度的强化元素。但添加能够产生析出强化和固溶强化的元素后，会对 HAZ 韧性产生不利影响，如 C、Si 等元素添加量过多，会生成渗碳体或岛状马氏体，使钢板产生硬化，降低 HAZ 韧性。为了能够实现良好的 HAZ 韧性，必须消除 HAZ 区域

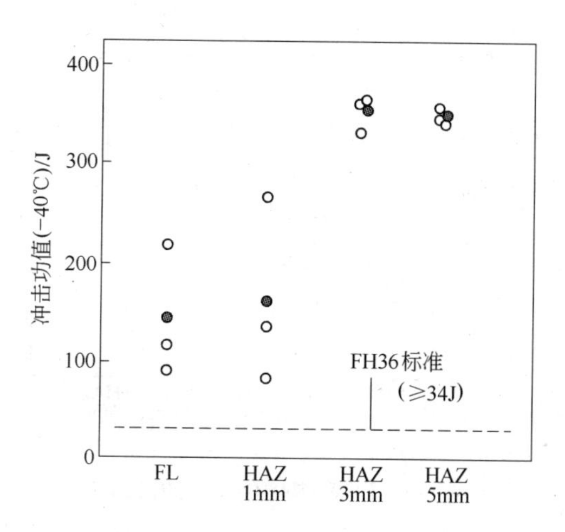

图 1-5 SAW 焊接接头冲击结果

形成的粗大铁素体、与贝氏体相邻的粗大渗碳体及岛状马氏体组织。因此，在考虑厚钢板获得高强度的同时，还要控制 HAZ 区域的渗碳体与岛状马氏体的微细化，或抑制其生成。由此采用的“HTUFF”技术，利用高温稳定的氧化物粒子来抑制原奥氏体晶粒粗化及细化 HAZ 组织，并且活用 TMCP 来抑制脆化组织的生成。2004 年开发的 EH40 钢板，其焊接热输入量能够达到 390kJ/cm，且熔合线处 −20℃的平均冲击功值大于 150J。该钢板的化学成分与力学性能如表 1-7 所示，气电立焊结果如表 1-8 所示，焊接接头冲击结果如图 1-6 所示[18]。

表 1-7 EH40 钢板化学成分与力学性能

厚度 /mm	化学成分（质量分数/%）							R_{eL} /MPa	R_m /MPa	A /%	A_{KV}(−40℃) /J
	C	Si	Mn	P	S	其 他	C_{eq}				
65	0.12	0.28	1.40	0.009	0.003	Nb、Ti	0.36	433	563	28	300

表 1-8 EH40 船板气电立焊结果

厚度 /mm	焊接方法	坡口形式	道次	电极	焊接电流 /A	焊接电压 /V	焊接速度 /cm·min^{-1}	热输入 /kJ·cm^{-1}
65	EGW	20° 65mm 8mm	1	前丝	410	41	5	390
				后丝	400	40		

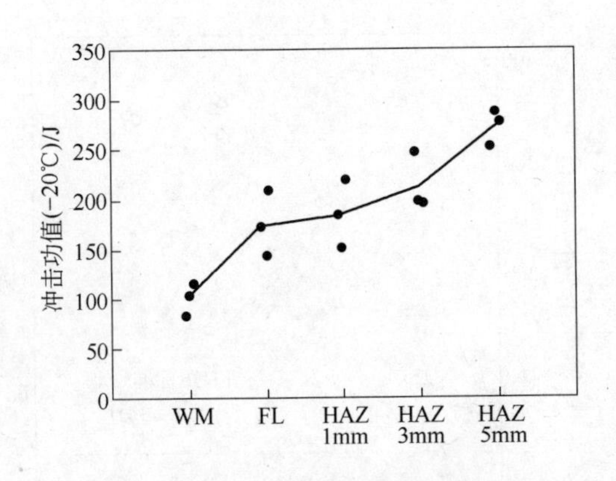

图 1-6 EGW 焊接接头的冲击结果

日本神户制钢采用神户超韧化（KST）技术，于 2002 年已经开发出抗拉强度为 390MPa 级别和 460MPa 级别的大热输入焊接用造船板，其焊接热输入量分别能够达到 480kJ/cm 和 390kJ/cm，其熔合线冲击功最低值仍大于 100J[19]。此外，神钢开发出的 80mm 厚度 EH40 钢板，焊接热输入量达到 580kJ/cm[20]；开发出的 EH36，焊接热输入量也达到 586kJ/cm。其开发策略为：通过降低 C 含量来抑制 MA 组织的生成、通过钢中形成大量微细的 TiN 来抑制 γ 晶粒的粗化，同时使 γ 晶内形成微细铁素体组织[21]。同年开发的屈服强度大于 460MPa 的 YP460 钢板，其焊接热输入量可达到 420kJ/cm。开发钢采用低 C、低 C_{eq} 成分设计来抑制 HAZ 区域岛状马氏体的生成，冶炼过程中利用 TiN 微细分散技术，厚钢板的控制轧制过程中，采用厚板轧制在线材质控制技术 PRM（Plate Rolling system for Mechanical property control）系统严格控制钢板内部温度，使结晶位相差大于 15°的大角度晶界微细化，同时合理控制再结晶和未再结晶温度区域轧制的压下率，轧后钢板采用均匀的强冷却，同时控制板形不良及解决残余应力问题。其钢板的化学成分、力学性能与大热输入焊接结果如表 1-9 与表 1-10 所示[22]。

表 1-9 YP460 钢板的化学成分与力学性能

厚度	化学成分（质量分数/%）						R_{eL}	R_m	A	A_{KV}（−40℃）	vT_{rs}
/mm	C	Si	Mn	Nb	Ti	C_{eq}	/MPa	/MPa	/%	/J	/℃
60	0.08	0.13	1.54	0.018	0.011	0.34	487	582	27	326	−85

表 1-10 YP460 钢板的焊接结果

焊接方法	道次	焊接电流/A	焊接电压/V	焊接速度/cm·min⁻¹	热输入/kJ·cm⁻¹	R_m/MPa	A_{KV}(-20℃)/J	
EGW	1	400	43	2.5	420	578	WM	117, 83, 94
							FL	247, 131, 158
							FL+1mm	266, 182, 199

可见日本这三大钢铁公司均能够生产大热输入焊接用船板，强力地支撑着日本造船业的发展。韩国的造船业一直位于世界前列，也能够生产大热输入焊接用船板钢。浦项钢厂开发的 EH40 钢板，焊接热输入能够达到 350kJ/cm。其钢板的焊接性能如表 1-11 所示。

表 1-11 韩国浦项的 EH40 钢板的焊接性能

焊接方法	道次	热输入/kJ·cm⁻¹	A_{KV}(-20℃)/J	
EGW	1	358	WM	108, 55, 83 (82)
			FL	103, 106, 61 (90)
			FL+1mm	150, 123, 260 (178)
			FL+3mm	410, 68, 389 (289)
			FL+5mm	264, 295, 295 (285)

B 大热输入焊接用建筑钢

日本新日铁公司利用“HTUFF”技术，通过在钢中形成微细分散的尺寸为几十纳米至几百纳米的 Ca、Mg 的氧化物与硫化物，来抑制 γ 晶粒的粗化，并细化晶内组织，同时抑制由 γ 晶界生成的粗大晶界铁素体（Grain Boundary Ferrite，GBF）和侧板条铁素体（Ferrite Side Plate，FSP），于 2004 年开发出建筑用 590MPa 级别的建筑钢板，其焊接热输入可达 870kJ/cm。开发钢与传统钢焊接接头金相组织对比如图 1-7 所示[23]。

同时开发的 BT-HT440C-HF 钢板，焊接热输入量能够达到 1004kJ/cm，0℃时的平均冲击功值大于 70J。其电渣焊焊接接头的宏观照片、冲击功值及金相组织如图 1-8 所示[24]。

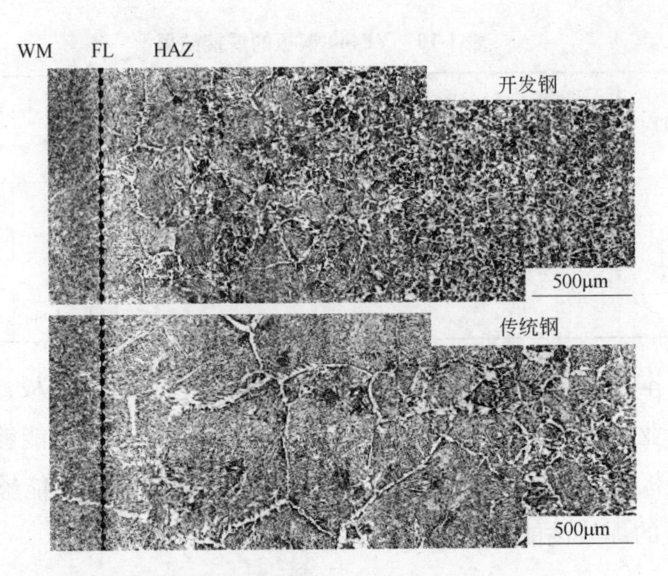

图 1-7 开发钢与传统钢焊接接头金相组织对比

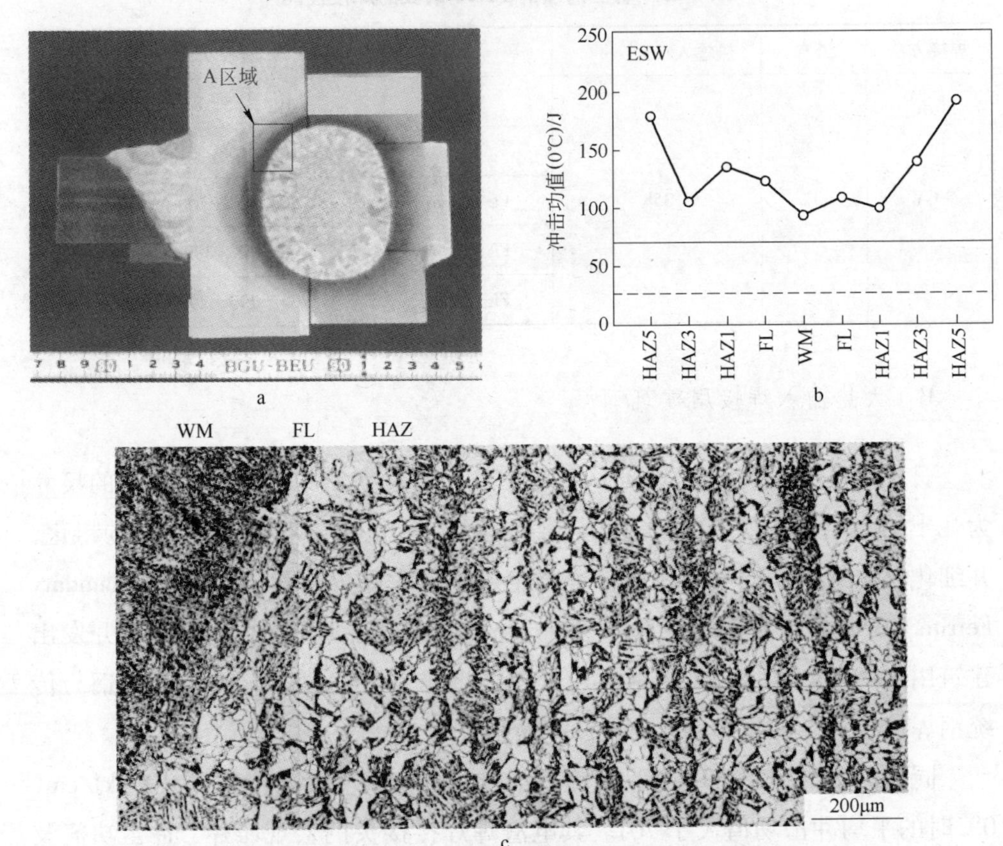

图 1-8 BT-HT440C-HF 钢板的电渣焊宏观照片与金相组织

a—柱梁连接焊缝；b—焊接接头冲击功值；c—*A* 区域金相组织

日本JFE公司采用JFE-EWEL技术，研制了包括SA440-E在内的系列高韧性建筑结构钢，形成了抗拉强度从490MPa级别到590MPa级别的系列建筑结构钢。运用ACR技术严格控制了Ti、N含量，生产出60mm和100mm厚的SA440-E板材，其抗拉强度为590～740MPa，屈服强度为460MPa。在630kJ/cm埋弧焊和1000kJ/cm电渣焊条件下，HAZ无明显粗化，焊缝金属组织为细小的针状铁素体，奥氏体晶界处无粗大先共析铁素体。截止2008年，JFE公司的大热输入焊接用SA440钢板已经供货40000t[25]。2002年时的川崎制铁公司就已经开发出MAC355-AD建筑用钢，采用低C、低C_{eq}方案的合理化学成分设计，利用大量微细分散的TiN抑制高温奥氏体晶粒的长大并促进铁素体相变，抑制MA组织的形成。开发钢的焊接热输入量能够达到1100kJ/cm，熔合线处的组织为铁素体加珠光体组织，其冲击功超过200J，其焊接热模拟试样的金相组织与冲击功值如图1-9所示[26]。

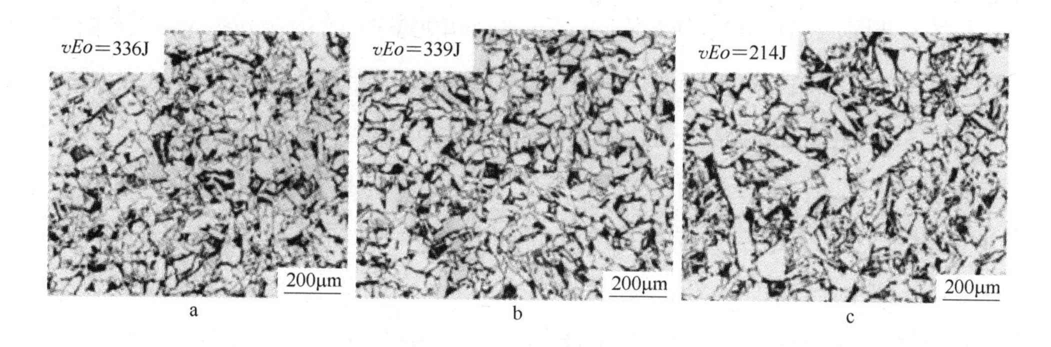

图1-9 MAC355-AD钢板三种焊接热循环后的金相组织及冲击功值

a—再加热温度1400℃，$t_{8/5}=550s$；b—再加热温度1400℃，$t_{8/5}=1000s$；c—再加热温度1450℃，$t_{8/5}=1000s$

神户制钢开发的KCL-A385-ST建筑用钢板，厚度范围≤100mm，其屈服强度≥385MPa，抗拉强度≥550MPa，其生产工艺抛开传统的热处理方法，而采用新型控轧控冷技术，细化相变前的奥氏体晶粒及增加形核点，使钢板得到微细贝氏体组织，且使钢中形成少量马氏体及残余奥氏体，在保证高强度级别的同时，能够使屈强比≤0.8，其焊接热输入量能够达到850kJ/cm[27]。同时，神制钢开发的超高层建筑用钢KCL A325与SA440均具有良好的超大热输入焊接性能。在化学成分设计时，充分考虑各元素对大热输入焊接的影响，可有效抑制恶化 HAZ 韧性的粗大贝氏体形成，并减少 MA 数量和控制其形态与分布，其中 KCL A325 的抗拉强度级别为 490MPa，钢板最大厚度 80mm，最大焊接热输入量为 970kJ/cm，熔合线部位的平均冲击功大于 200J；SA440 的抗拉强度级别为 590MPa，钢板最大厚度 100mm，最大焊接热输入量为 990kJ/cm，熔合线部位的平均冲击功大于 100J[28]。神户制钢还开发出抗拉强度级别为 780MPa 级别的建筑用钢，在焊接热输入为 400kJ/cm 时，熔合线平均冲击功大于 100J[29]。

住友金属于 1998 年开发的抗拉强度大于 590MPa 的建筑用钢 HT590 钢板，其焊接热输入量已达 980kJ/cm[30]。

可见，日本的大热输入焊接用建筑钢板已在日本国内广泛应用。

C 大热输入焊接用桥梁钢

神户制钢于 1999 年开发的抗拉强度≥490MPa 的桥梁钢，将传统钢的 C 含量由 0.17% 大幅度降低到 0.07%，且为了保证高强度所添加的其他合金元素，能够控制焊接裂纹敏感性组成≤0.2%，使钢板能够在环境温度为 25℃ 时，不需要进行预热而实现焊接。在焊接热输入量达到 350kJ/cm 时，-20℃ 冲击功大于 100J[31]。2002 年开发的抗拉强度≥490MPa 的桥梁钢，还同时具有良好的耐腐蚀性能，所建成的桥梁可以实现无需做另外防腐处理，且焊接热输入量能够达到 114kJ/cm[32]。同年开发的抗拉强度≥570MPa 的桥梁钢，其焊接热输入量能够达到 70kJ/cm[33]。2005 年开发的抗拉强度大于 570MPa 的桥梁用钢 BHS500，焊接热输入量提高到 150kJ/cm[34]。

JFE 公司 2004 年开发的屈服强度大于 500MPa 的桥梁用钢 BHS500，采用超低碳贝氏体组织控制技术及 Super-OLAC 控制冷却技术生产，可实现高强度、低焊接裂纹敏感性组成（P_{cm}）及非调质工艺生产，焊接热输入量能够达到 123kJ/cm，熔合线处的冲击功大于 70J[35]。JFE 产品目录中介绍的抗拉强度大于 570MPa 的桥梁钢 SM570TMC-LB，可承受 240kJ/cm 的焊接热输入量。新日铁公司开发的 BHS500 桥梁用钢，抗拉强度≥570MPa，P_{cm}≤0.2%，焊接热输入量达到 100kJ/cm，而屈服强度≥780MPa 的高强桥梁钢 BHS700W，焊接热输入量限定在50kJ/cm以下[36]。

D 大热输入焊接用海洋结构钢

日本最初应用于寒冷地区能源开发的大热输入量焊接厚板为YP360MPa结构钢板，最大厚度为70mm，能够承受130kJ/cm的焊接热输入。

JFE公司用于海洋结构的高强度钢种有7个钢种，抗拉强度级别从415MPa到780MPa，其中部分也能够实现大于50kJ/cm的焊接热输入。其中利用组织控制技术研制的超低碳贝氏体耐海水腐蚀钢，钢中加入了Ni、Cu、Cr、Mo和P合金元素，含碳量约为0.02%。通过调整Mn含量，按强度分为三个等级：400MPa级、490MPa级和570MPa级，钢板厚为25～75mm，在200kJ/cm的热输入条件下HAZ冲击功大于47J[37]。川崎制铁生产的屈服强度400MPa级的低温海域用TMCP结构钢，板厚达60mm，其焊接热输入量达到193kJ/cm，-60℃的冲击功最低值大于60J[38]。

新日铁开发的屈服强度大于420MPa级的低温海域用TMCP结构钢，钢板的韧脆转变温度为-120℃，并采用Ti氧化物作为晶内针状铁素体的形核质点来细化HAZ组织，经204kJ/cm的单面单道焊接，-60℃的冲击功最低值大于60J[39]。

住友金属开发的抗拉强度500MPa级别的海洋结构用钢，在焊接热输入量为99～219kJ/cm范围内，均具有良好的低温冲击韧性[40]。

E 大热输入焊接用石油储罐钢

新日铁是日本最早研发和推广应用大型石油储罐用钢的钢铁公司之一。早在20世纪60年代，新日铁依靠热处理炉及其附带的淬火设备开发和生产大型石油储罐用高强度钢板。1975年之前就至少为100个以上油罐提供了所需的HT 590～610MPa级高强度钢板。在1968年JIS G3115（SPV）规格制定之前及制定后不久一段时间内，绝大部分大型油罐用HT 590～610MPa级高强度钢板是按钢厂的产品名称订货的。新日铁生产的WEL-TEN60钢板（HT590MPa级）、WEL-TEN62钢（HT610MPa级）就属于这种产品，并作为SPV490Q钢种的基础牌号列入JIS G3115标准中。此类钢板具有足够的母材韧性及焊接性能[41]。

80年代初，新日铁轧钢线上采用了强制性冷却，冷却速度从渐冷到速冷具有广泛可调的CLC冷却设备，开发出采用直接淬火+回火工艺生产的DQ-T型HT 590～610MPa级高强钢板。该生产工艺在保证钢板强韧性的同时。使生产效率大幅度提高。至今，新日铁仍采用此工艺生产大型石油储罐用钢板。而1994年启动的第三代的HTUFF技术生产出的高性能钢板广泛用于建筑、桥梁、造船和海洋结构等领域，但是目前还没有应用到大型石油储罐工程的实例。

日本JFE钢铁公司开发的高强度钢板HITEN610E用于大型石油储罐建设，90年代采用DQ-T工艺生产。从设备安全角度考虑，JFE建议用户焊接此类钢板时控制焊接热输入量小于100kJ/cm[42]。目前，新日铁采用DO-HOP工艺生产石油储罐钢板[43]，在提高钢板综合力学性能的同时，大热输入焊接性能也得到了提升[44]。而且在DQ-T工艺的基础上，生产准备时间又缩短了75%，生产能力提高300%，实现了连续化生产。

日本住友钢铁公司采用TMCP工艺生产的低含碳量、高强韧性，且不需要预热即可焊接的钢板，牌号为HT610，被称为“奥氏体化的贝氏体HT610”，简称奥贝HT610[45]。经热输入100kJ/cm的埋弧焊后，仍具有良好的强韧性，其新型HT610TMCP钢可适用于低温服役的大型油罐。

1.2.2 国内开发情况

目前，我国已投入工业生产与应用的大热输入焊接用钢板有石油储罐钢板、造船与海洋平台用钢板。对于石油储罐钢板，国内已有多家钢厂生产，用于国家战略石油储备工程，其焊接热输入量能够达到100kJ/cm[46]。鞍钢开发并生产的造船板，焊接热输入量达到100kJ/cm[47]。2010年鞍钢以“大线能量焊接用船舶及海洋工程系列钢板的研制”获得了辽宁省科技进步二等奖。这是我国大热输入焊接用钢在工业应用的最高水平。但与日本相比仍有很大差距，而在其他领域生产大热输入焊接用钢还是空白。

在造船业，我国从1995年起首次超过实力雄厚的德国，成为继日本、韩国之后的世界第三造船国家。2007年中国船舶工业新接订单9845万吨，占到国际市场近一半的份额，超过了韩国，晋升全球第一，成为名副其实的造船大国。造船产量、新接订单和手持订单三大指标不断提高，连续三年成为世界第一。但是采用三大指标份额的方式并不能全面反映我国造船业的真实竞争水平，我国造船业在“质”的方面与日韩相比仍然差距巨大。国际船舶市场附加值较高的油船、集装箱船等订单大多为日韩所占据，我国造船企业凭借价格优势大量集中在低附加值的散货船领域。近几年来我国也开始建造新型超大型、高附加值的船舶，主要有集装箱船、LPG 船、LNG 船、FPSO 储油船、自升式海洋钻井平台、VLCC 船等。特别是 2009 年的船舶工业调整振兴规划通过以来，各大船厂都加大了技术开发的力度，其中万箱级的集装箱船、大型化学品船和海洋工程装备成为大家关注的重点。万箱级的集装箱船和海洋工程装备需要使用大厚度高强度钢板，海洋工程装备需要的高强度钢板的屈服强度在 690MPa 以上，厚度一般为 60 ~ 100mm。集装箱船需要的钢板级别集中在 EH36、EH40 和 EH47 上，钢板厚度集中在 45 ~ 80mm 范围内，特别是 60 ~ 80mm 厚度的钢板。

在造船行业中，焊接工时约占造船总工时的 30% ~ 40%，而我国由于目前不能生产大热输入焊接用船板，造船效率仅为日本的四分之一。一些不能代替的钢板只能从国外进口，但价格昂贵。如 2009 年国内建造的 8530TEU 集装箱船若从日本 JFE 公司进口的大热输入焊接用 EH40 钢板，价格是 20000 元/吨，而同时期国内生产的 EH40 钢板价格仅 8000 元/吨，此种情况严重制约我国造船业的发展。

石油储罐用钢板是随着我国石油消费的日益增加及 2003 年开始的国家战略石油储备建设的需要而发展起来的。工信部 2011 年 8 月 2 日公布的数据显示，我国原油对外依存度达 55.2%，已超越美国。而在 2004 年之前我国石化企业所建造的 10 万 m^3 石油储罐，主要采用日本主要钢铁企业生产的屈服强度 490MPa 以上、抗拉强度大于 610MPa 的大热输入焊接调质高强度钢板，钢板厚度一般在 12 ~ 40mm 之间，如表 1-12 所示[48]。

表 1-12 通过国家权威部门认证的石油储罐建设用钢

钢种名称或牌号	生产企业	认证时间
WT-610EQ	新日本制铁株式会社	2003 年 10 月
NT-490EQ		
N-TUF490		

续表 1-12

钢种名称或牌号	生产企业	认证时间
WEL-TEN610SCF	新日本制铁株式会社	2003 年 10 月
WEL-TEN610CF		
JEF-HITEN610E	JFE 钢铁株式会社	2004 年 2 月
NK-HITEN610U2L		2002 年 12 月
NK-HITEN610U2		
River Ace 610L		
SUMITEN610F	日本住友金属工业株式会社	2002 年 6 月
SUMITEN610F-LT		2004 年 6 月

10 万立方米石油储罐在施工过程中，罐壁板立缝采用自动气电立焊机焊接，壁板环缝采用单丝埋弧焊或双丝埋弧焊焊接。这种焊接方法在采用合理的焊接工艺条件下，焊接效率提高数倍，且质量能够得到保证，因此，大热输入焊接用钢板成为石油储罐建造的首选。武钢是国内最早开发大型石油储罐用高强度钢板的企业，研制钢种的企业牌号命名为 WH610D2。该钢于 1998 年通过原全国压力容器标准化技术委员会的技术评审，于 1999 年通过原国家冶金局主持的技术鉴定，但当时仅在北京燕山石化建造了 4 台 10 万立方米储罐，积累的设计、施工、应用经验还较少[48]。后来一段时期内建设的大型石油储罐仍然采用从日本 JFE、新日铁、住友金属三大钢铁公司进口钢板，包括现在建造的 15 万立方米储油罐也多采用日本钢板。但是日本对中国出口的这种钢板，却存在价格过高及供货周期延长等问题。而且，目前日本建造的大型石油储罐已经不使用这种出口到中国的钢板，而是采用能够承受更高焊接热输入量的钢板，在保证储罐整体安全性能的前提下，最大限度地缩短施工周期和降低施工成本。

2003 年，以武钢钢号 12MnNiVR 为基础纳入新制定的《压力容器用调质高强度钢板》强制性国家标准 GB 19189—2003，并于 2004 年 1 月 1 日起实施[49]。此后多家钢厂先后竞相开发石油储罐钢板，目前已经获得认证的钢厂有：宝钢、武钢、鞍钢等十几家企业，如表 1-13 所示，但是钢板的大热输入焊接性能不够稳定。从 2010 年至今，只有少数两、三家钢厂在持续供货。目前，国内10万立方米石油储罐用钢板已经改变了完全依赖日本进口的局面，实现了国产化，但15万立方米及以上的储油罐钢板仍然存在生产瓶颈。

表1-13 国内石油储罐钢认证时间与工程业绩

企业名称	认证牌号	认证时间	工程业绩（截至2009年上半年）
武钢	WH610D2	2001年6月	2001~2007年，国家战略石油储备基地及商业储备150台10万立方米储油罐
舞阳	WY610	2002年7月	2007年，镇海基地4台，中石油独山子配套项目、天津一体化项目等重点工程
鞍钢	AH610E	2005年4月	2007年，曹妃甸4台、镇海岚山4台10万立方米储油罐
宝钢	B610E	2006年3月	2006~2007年，镇海、黄岛基地和商业储备共72台
济钢	JGR610E	2006年10月	2007年，舟山基地储油罐建设
南钢	N610E	2007年7月	2008~2009年，大庆油田原油储备基地，累计3万吨
首秦	SG610E	2009年5月	—
湘钢	XG610D	2009年8月	—

另外，目前国产的高层建筑用钢在制作箱型梁柱时的电渣焊焊接接头，由于焊接热输高达200~600kJ/cm，均存在焊接热影响区韧性严重脆化的安全隐患，亟待相关领域科技工作者的高度重视与协同研究。

1.3 大热输入焊接用钢开发的技术措施

大热输入焊接用钢与传统钢的主要不同是：在钢板化学成分、力学性能相同的情况下，经相同的大热输入焊接后，传统钢的焊接热影响区（HAZ）力学性能严重下降，尤其是强度和韧性会低于钢板的最低标准要求；而大热输入焊接用钢的焊接热影响区的强度和韧性下降幅度很小，仍具有符合母材的性能，甚至较标准要求有更大的富余量。为了能够使钢板在大热输入焊接后仍具有良好的力学性能，首先要保证母材具有良好的力学性能。一般地，钢厂生产的钢板都具有远高于标准要求的力学性能。如果母材钢板的力学性能超过标准要求很少，则焊后力学性能很可能会低于标准要求。所以，要尽量提高钢板本身的强韧性。一般造成热影响区韧性恶化的主要原因有三点：奥氏体晶粒粗大；晶内转变组织为上贝氏体组织；岛状马氏体（M-A）的生成。大热输入焊接用钢HAZ的控制目标如图1-10所示，主要控制策略有以下三个方面[50~55]：

（1）抑制高温下 HAZ 区域原奥氏体晶粒的粗化；

（2）控制原奥氏体相变组织的微细化，形成细小针状铁素体或细化贝氏体组织；

（3）减少 M-A 组织数量或改变其形态与分布。

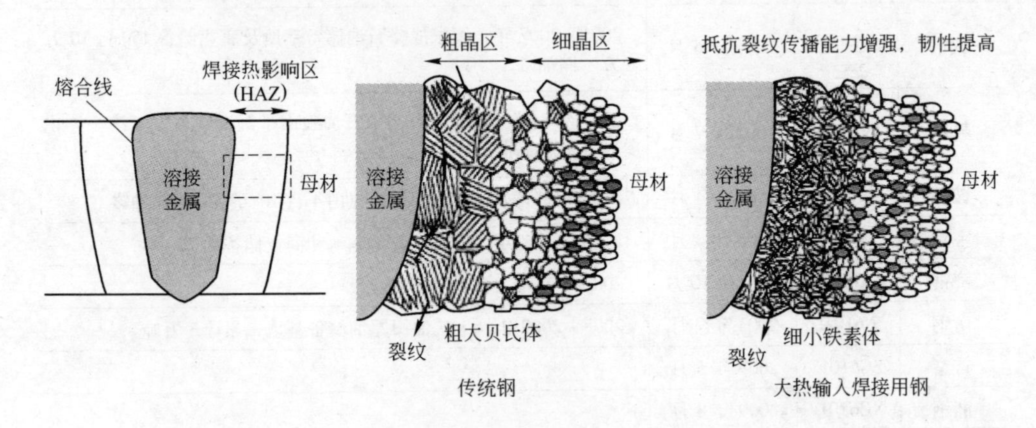

图 1-10 大热输入焊接用钢 HAZ 组织控制目标

由图 1-10 可见：控制 HAZ 区域的奥氏体晶粒尺寸，并使奥氏体晶粒内部形成细小的铁素体组织，这种组织抵抗裂纹传播的能力强于传统钢 HAZ 区域的粗大贝氏体，宏观表现出良好的冲击韧性。HAZ 金属中 M-A 组元不论是粒状还是条状分布，当它们不连续存在时，对韧性影响不大，连续存在时则明显降低冲击韧性，因此在控制 HAZ 组织细化的同时还要控制 M-A 组元的数量减少、尺寸细小及弥散分布状态。

2 大热输入焊接用钢生产技术的基础研究

2.1 氧化物冶金技术

最近十几年大热输入焊接技术得到了广泛的推广。大热输入焊接为提高焊接效率而大幅度提高热输入，热影响区所达到的最高温度停留时间也大幅度延长，宽度增大，使得传统钢热影响区的组织更加粗大，性能进一步恶化，这就对热影响区组织的控制提出了更高的要求。已有的研究表明，采用氧化物冶金技术组织钢材的工业生产是提高大热输入焊接热影响区韧性的有效途径。

钢中1μm左右的夹杂物以前并未引起人们的太多注意，因为一般认为该尺寸范围内的夹杂物对钢的表面缺陷或钢的强度的影响并不太大。但是在20世纪70年代后期焊接研究人员发现1μm左右的夹杂物在焊接的冷却过程中可以诱发钢中针状铁素体（Acicular Fetrrite，AF）形核，因细化了钢的组织而显著地改善了焊缝和热影响区的强度和韧性。这一现象随后引起了研究人员的注意，因为钢中1μm左右的夹杂物在炼钢和浇铸的过程中难以去除，而且很多此类夹杂物形成于凝固以及其后的冷却过程中。因此，能够有效改善大热输入焊接热影响区韧性的氧化物冶金技术引起了众多研究人员的广泛关注。

氧化物冶金技术的概念最早是1990年前后由日本新日铁公司的研究人员明确提出的，当时具体的思路如图2-1所示，可以概括如下：

（1）首先控制钢中氧化物的分布和属性（如成分、熔点、尺寸和分布等）；

（2）再利用这些氧化物作为钢中硫化物、氮化物和碳化物等非均质形核核心，对硫、氮和碳等析出物的析出和分布进行控制；

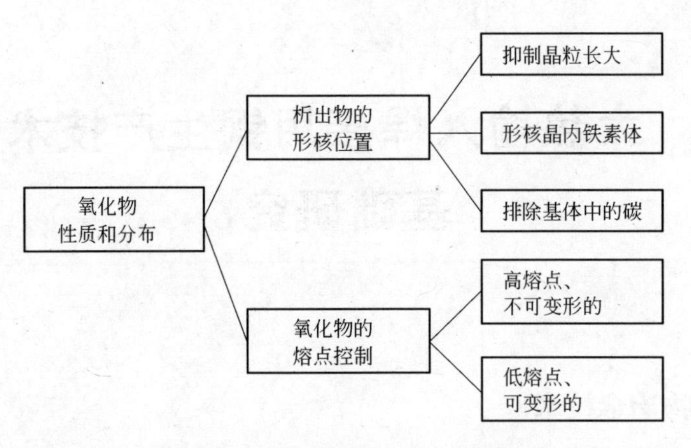

图 2-1　氧化物冶金技术示意图

（3）最后利用钢中所形成的所有氧、硫、氮和碳化物，通过钉扎高温下晶界的迁移对晶粒的长大进行抑制；通过促进晶内针状铁素体（Acicular ferrite，AF）和晶内颗粒状铁素体的形核来细化钢的组织；通过形成碳化物来减少基体含碳量从而改善钢的加工性。

基于氧化物冶金技术控制钢中夹杂物的类型、大小和分布，使钢中的夹杂物细小而弥散化，从而在大输入焊接热循环过程中钉扎奥氏体晶粒并在奥氏体晶粒内促进针状铁素体（AF）的形核，细化了晶粒，有效地改善了大热输入焊接热影响组织的韧性。

钢的性质与钢的组织是密切相关的，细化晶粒是目前唯一可以同时提高钢的强度和韧性的可行方法。为得到细化的铁素体晶粒，往往在奥氏体相区域或奥氏体向铁素体相变前后采用如图 2-2 所示的方法，即快速冷却、细化母相的奥氏体晶粒、奥氏体相在加工硬化状态下促进相变发生和利用夹杂物促进奥氏体相晶内形核等。

钢中的夹杂物因其尺寸、成分、形状和自身的各种属性（如硬度、熔点等）的差异而对钢的制造过程、成品的组织和性能产生各种影响。尺寸较大的（如 20μm 或者 50μm 以上的）脆性夹杂往往易于导致轧材或轧板的表面形成缺陷，因此，人们采用各种措施以尽可能地去除这些夹杂物。尺寸很小的（如 100nm 或以下的）夹杂常常被称为析出相或第二相粒子，这类夹杂物往往析出于钢的固相阶段，因能提高钢的强度（析出相强化）和钉扎晶粒在高温下（如热处理和焊接过程）的长大而被人们加以充分利用。

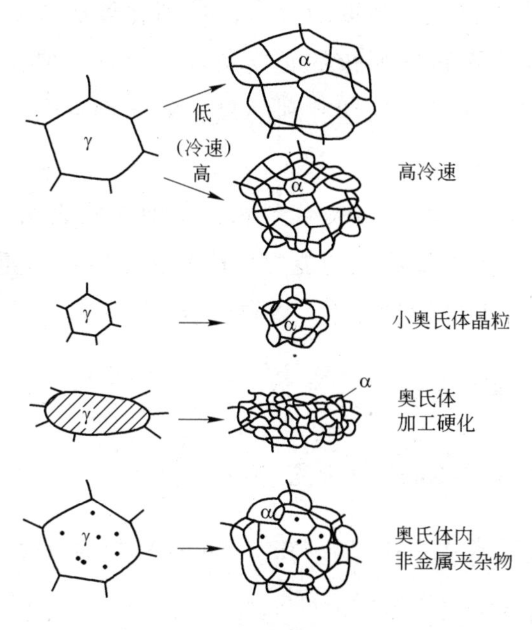

图 2-2 钢中铁素体细化的方法

氧化物冶金技术是生产大热输入焊接用钢的技术基础，其中具有代表性的主要添加元素有 Ti、Ca、Mg、Zr、REM 等几种，通过精确控制这几种元素在冶炼、连铸过程中的反应及析出过程，以及后续的轧制、热处理工艺的调整，日本几大钢铁公司分别结合自己公司的生产实际，各自研发了自有的大热输入焊接用钢生产工艺技术。由于国外对此技术的严密封锁，东北大学 RAL 实验室在国内率先对这几种元素的添加方法、有利夹杂物的形成机理等进行了深入系统的试验研究。

2.2 钢中氧、氮化物析出的热力学

钢中通常需要加入多种合金元素。由于各合金元素获得钢中氧、氮的能力不同，当合金配比变化时，形成的氧、氮化物的类型和数量也可能发生变化。当加入合金的顺序和时机变化时，钢中氧、氮含量也会发生变化，进而影响氧、氮化物的类型和分布。当钢的冶炼和成型加工的温度变化时，钢中氧、氮化物的类型和尺寸也将发生变化。

非金属夹杂对母材钢的性能有着重要的影响，对焊接热影响区的微观组织和综合力学性能更是有着重要的影响。钢中适当的夹杂物类型、合理

的数量、合适的尺寸和均匀弥散的分布，是细化奥氏体晶粒、诱发大热输入焊接热影响区针状铁素体形核的必要条件。因此，要确定合金元素的最适添加量，控制产生对焊接韧性有利的氧、氮化物夹杂，减少或消除有害的夹杂物。

本节拟通过计算、比较和分析合金元素与钢中氧或氮反应的 Gibbs 自由能，来评价这些元素获得氧或氮的能力，预测在不同氧含量、氮含量和不同温度下产生的氧化物和氮化物类型，指导合金钢的成分设计。

2.2.1 合金元素的氧化反应

2.2.1.1 氧化反应 Gibbs 自由能

钢液中的合金元素 M（Al、Ti、Mn、Nb 等）与氧元素生成形式为 M_xO_y 的氧化物的析出反应式可以表示为[56]：

$$x[\mathrm{M}] + y[\mathrm{O}] = \!=\!= \mathrm{M}_x\mathrm{O}_y(\mathrm{s}\ 或\ \mathrm{l}) \tag{2-1}$$

将钢液视为溶剂，合金元素视为溶质，式（2-1）所对应的化学反应平衡常数 K 可以用式（2-2）表示[57]。因氧化物 M_xO_y 从钢液中析出，所以认为其在钢液中的活度值 $a_{M_xO_y} = 1$：

$$K = \frac{a_{\mathrm{M}_x\mathrm{O}_y}}{a_\mathrm{M}^x \cdot a_\mathrm{O}^y} = \frac{1}{f_\mathrm{M}^x(w_{[\mathrm{M}]}/w^\ominus)^x \cdot f_\mathrm{O}^y(w_{[\mathrm{O}]}/w^\ominus)^y} \tag{2-2}$$

式（2-1）化学反应的方向和限度，可以用范特霍夫（van't Hoff）等温方程来判断[58]：

$$\Delta G = \Delta G^\ominus + RT\ln J \tag{2-3}$$

其中标准 Gibbs 自由能 $\Delta G^\ominus$ 写为：

$$\Delta G^\ominus = -RT\ln K \tag{2-4}$$

将式（2-4）代入式（2-3），可以得到式（2-5）：

$$\Delta G = -RT\ln K + RT\ln J = RT\ln(J/K) \tag{2-5}$$

一般来讲，可以由式（2-3）中吉布斯自由能 ΔG 值的正负来判定化学反应的方向，由式（2-4）中标准吉布斯自由能 $\Delta G^\ominus$ 的值来计算化学反应进行的限度。对于一个具体的化学反应，J 表示实际条件下产物组分与反应物组分的活度比。当 $J<K$ 时，ΔG 为负值，反应自发向右进行；当 $J>K$ 时，ΔG 为正值，反应自发向左进行；当 $J=K$ 时，$\Delta G=0$，反应达到平衡，式（2-3）等同于式（2-4），所以式（2-4）是平衡条件，也是临界条件。

由于 $\Delta G^\ominus$ 是温度 T 的函数，所以由式（2-4）建立起平衡常数 K 和温度 T 之间的联系，用式（2-7）表示。

$$\Delta G^\ominus = \Delta H^\ominus - T\Delta S^\ominus \tag{2-6}$$

$$\lg K = -\frac{\Delta G^\ominus}{2.3RT} = \frac{A}{T} + B \tag{2-7}$$

将式（2-2）代入式（2-7）并整理方程式，得到式（2-8），建立起钢中合金元素的质量百分含量 w_M 与标准 Gibbs 自由能 $\Delta G^\ominus$ 之间的联系。当溶质的质量百分数以 1% 为标准，$\frac{w_M}{w^\ominus}$ 可以写成［%M］。

$$x\lg f_M + y\lg f_O + x\lg\left(\frac{w_M}{w^\ominus}\right) + y\lg\left(\frac{w_O}{w^\ominus}\right) = \frac{\Delta G^\ominus}{2.3RT} \tag{2-8}$$

式(2-2)中的 a_i 与式(2-8) 中的 f_i 分别为溶质 i 的活度和活度系数，i 为 M 或 O。

活度 a_i 是修正了的浓度，也可称为“有效浓度”，在数值上等于溶质 i 的浓度 w_M 与活度系数 f_i 的乘积，活度系数 f_i 由式（2-9）和式（2-10）求得。

$$\lg f_i = e_i^i[\%i] + \sum_{i\neq j} e_i^j[\%j] \tag{2-9}$$

式中　e_i^j——组元 j 对组元 i 的活度相互作用系数，见表 2-1。

组分 i 的活度系数 f_i 值的大小表示实际溶液中的组分 i 对 Henry 定律的偏差程度。

参照船体用结构钢国标 GB 712—2000，以 E36 船板钢的化学成分范围要求为基准，计算各元素的活度系数。

表 2-1　钢中合金元素的活度相互作用系数 e_i^j[59]

第二元素 i	第三元素 j											
	Al	C	Ca	Cr	Cu	Mn	Mo	Nb	Ni	O	Si	Ti
Al	0.045	0.091	-0.047							-6.6	0.0056	
Ca	-0.072	-0.34	-0.002						-0.044		-0.097	
Cr		-0.12		-0.0003	0.016		0.0018		0.0002	-0.14	-0.0043	0.059
Cu		0.066		0.018	-0.023					-0.065	0.027	
Mg		0.15										

续表 2-1

第二元素 i	第三元素 j											
	Al	C	Ca	Cr	Cu	Mn	Mo	Nb	Ni	O	Si	Ti
Mn		−0.07				0				−0.083	−0.0002	
Mo		−0.097		−0.0003						−0.0007		
Nb		−0.49						0	0.0009	−0.83		
Ni		0.042	−0.067	−0.0003					0.006	0.01		
O	−0.39	−0.45		−0.04	−0.013	−0.021	0.0035	−0.14	0.005	−0.2	−0.131	−0.6
Si	0.058	0.18		−0.0003	0.014	0.002				−0.23	0.11	
Ti				0.055						−1.8		0.013
V		−0.34								−0.97		0.042
N	−0.028	0.13		−0.047	0.009	−0.02	−0.011	−0.06	0.01	0.05	0.047	−0.53
C	0.043	0.14	−0.097	−0.024	0.016	−0.012	−0.008	−0.06	0.012	−0.34	0.08	

将各元素的质量百分含量和活度相互作用系数 e_i^j 值[59~63]代入式（2-9），得到钢中各合金元素的活度系数，如表 2-2 所示。

表 2-2 实验钢中合金元素的活度系数

合金元素	Al	Ti	Mn	Cr	Ni	Nb	Cu
$\lg f_i$	0.01	0	−0.007	−0.01	0.04	−0.05	0.01
f_i	1.023	1	0.984	0.977	1.096	0.891	1.023
合金元素	Mo	Ca	C	N	Si	B	O
$\lg f_i$	−0.01	−0.062	0.016	−0.0047	0.044	0.038	−0.103
f_i	0.977	0.867	1.038	0.989	1.107	1.091	0.789

以下将计算常用合金元素在钢中氧化的 Gibbs 自由能。

A 钛的氧化物析出

钛的氧化物有：TiO，TiO_2，Ti_2O_3，Ti_3O_5 等多种形式。这些氧化物在钢中产生的作用不同，析出的条件也不相同。

对于钢中 TiO：

$$[Ti] + [O] = TiO(s)$$

$$\Delta G^{\ominus} = -367752 + 122.4T$$

$$\lg K = 19233/T - 6.4 \tag{2-10}$$

取钢液温度为1873K，代入式（2-10）得到 $\lg K$ 值，然后将 $\lg f_{Ti}$、$\lg f_O$、[%Ti]、[%O] 的值代入式（2-8），并令 $x=1$，$y=1$，得到式（2-11）：

$$\lg[\%Ti] + \lg[\%O] = -3.77 \tag{2-11}$$

对于钢中 TiO_2：

$$[Ti] + 2[O] = TiO_2(s)$$

$$\Delta G^{\ominus} = -678132 + 235.0T$$

$$\lg K = 35467/T - 12.29 \tag{2-12}$$

取钢液温度为1873K，代入式（2-12）得到 $\lg K$ 值，然后将 $\lg f_{Ti}$、$\lg f_O$、[%Ti]、[%O] 代入式（2-8），并令 $x=1$，$y=2$，得到式（2-13）：

$$\lg[\%Ti] + 2\lg[\%O] = -6.44 \tag{2-13}$$

对于钢中 Ti_2O_3：

$$2[Ti] + 3[O] = Ti_2O_3(s)$$

$$\Delta G^{\ominus} = -1092504 + 358.1T$$

$$\lg K = 57139/T - 18.73 \tag{2-14}$$

将 $T=1873K$ 代入式（2-14）得到 $\lg K$ 值，然后将 $\lg f_{Ti}$、$\lg f_O$、[%Ti]、[%O] 代入式（2-8），并令 $x=2$，$y=3$，得到式（2-15）：

$$2\lg[\%Ti] + 3\lg[\%O] = -11.47 \tag{2-15}$$

对于钢中 Ti_3O_5：

$$3[Ti] + 5[O] = Ti_3O_5(s)$$

$$\Delta G^{\ominus} = -1762656 + 571.2T$$

$$\lg K = 92189/T - 29.87 \tag{2-16}$$

取钢液温度为1873K，代入式（2-16）得到lgK值，然后将$\lg f_{Ti}$、$\lg f_{O}$、[%Ti]、[%O]代入式（2-8），并令$x=3$，$y=5$，得到式（2-17）：

$$3\lg[\%Ti] + 5\lg[\%O] = -18.74 \tag{2-17}$$

B 铝的氧化物析出

铝氧化物有Al_2O_3、AlO、Al_2O_2等形式，AlO在钢的熔点温度以气态形式存在。用与计算钛氧化物相似的方法求算铝氧化物的析出反应。

Al_2O_3熔点为2054℃，常在钢中产生重要的影响。合金元素Al在钢液中的氧化反应为：

$$2[Al] + 3[O] = Al_2O_3(s)$$

$$\Delta G^{\ominus} = -1214052 + 392.8T$$

$$\lg K = 63496/T - 20.54 \tag{2-18}$$

将$T=1873K$，以及$\lg f_{Al}$、$\lg f_{O}$、[%Al]、[%O]代入式（2-18）和式（2-8），得到式（2-19）。

$$2\lg[\%Al] + 3\lg[\%O] = -13.08 \tag{2-19}$$

对于AlO：

$$Al(l) = [Al] \qquad \Delta G_1^{\ominus} = -15100 - 6.67T$$

$$1/2O_2(g) = [O] \qquad \Delta G_2^{\ominus} = -28000 - 0.69T$$

$$Al(l) + 1/2O_2(g) = AlO(g) \qquad \Delta G_3^{\ominus} = -3500 - 13.31T$$

$$[Al] + [O] = AlO(g) \qquad \Delta G^{\ominus} = \Delta G_3^{\ominus} - \Delta G_2^{\ominus} - \Delta G_1^{\ominus}$$

$$\Delta G^{\ominus} = 194788 - 24.87T$$

$$\lg K = -10187/T + 1.3 \tag{2-20}$$

式（2-20）中表示的Gibbs自由能表达式度量单位为焦耳，$T=$

1873K 时，

$$\lg[\%\mathrm{Al}] + \lg[\%\mathrm{O}] = 4.23 \quad (2\text{-}21)$$

C 钙的氧化物析出

钙的氧化物形式为 CaO、CaO_2，按 CaO 计算如下：

$$\mathrm{Ca(g)} = [\mathrm{Ca}] \qquad \Delta G_1^{\ominus} = -9430 + 11.8T$$

$$1/2\mathrm{O_2(g)} = [\mathrm{O}] \qquad \Delta G_2^{\ominus} = -28000 - 0.69T$$

$$\mathrm{Ca(g)} + 1/2\mathrm{O_2} = \mathrm{CaO(s)} \qquad \Delta G_3^{\ominus} = -187900 + 45.7T$$

由以上三个方程式可以得到以下反应方程式：

$$[\mathrm{Ca}] + [\mathrm{O}] = \mathrm{CaO(s)} \qquad \Delta G^{\ominus} = \Delta G_3^{\ominus} - \Delta G_2^{\ominus} - \Delta G_1^{\ominus}$$

$$\Delta G^{\ominus} = -628965 + 144.59T$$

$$\lg K = 32896/T - 7.56 \quad (2\text{-}22)$$

$$\lg[\%\mathrm{Ca}] + \lg[\%\mathrm{O}] = -9.84 \quad (2\text{-}23)$$

D 锆的氧化物析出

锆的氧化物为 ZrO_2，则有：

$$[\mathrm{Zr}] + 2[\mathrm{O}] = \mathrm{ZrO_2(s)}$$

$$\Delta G^{\ominus} = -780734 + 225.98T$$

$$\lg K = 40833/T - 11.82 \quad (2\text{-}24)$$

$$\lg[\%\mathrm{Zr}] + 2\lg[\%\mathrm{O}] = -9.98 \quad (2\text{-}25)$$

E 硼氧化物的析出

硼的氧化物为 B_2O_3，B_2O_3 析出自由能为：

$$2[\mathrm{B}] + 3[\mathrm{O}] = \mathrm{B_2O_3(s)}$$

$$\lg K = 44695/T - 15.43$$

$$\Delta G^{\ominus} = -854568 + 295.02T \tag{2-26}$$

$$2\lg[\%B] + 3\lg[O] = -8.43 \tag{2-27}$$

2.2.1.2 合金元素氧化析出的先后顺序

为了确定常见合金元素在钢中的氧化顺序，需要比较反应的 Gibbs 自由能。可以用吉布斯自由能 ΔG 值的正负判定化学反应的方向，用标准吉布斯自由能 $\Delta G^{\ominus}$ 的值来评价化学反应进行的限度。将式(2-10)~式(2-27)中序号为奇数的9个表达式，绘制成合金元素质量百分数对数与氧含量对数的函数曲线，如图2-3所示。

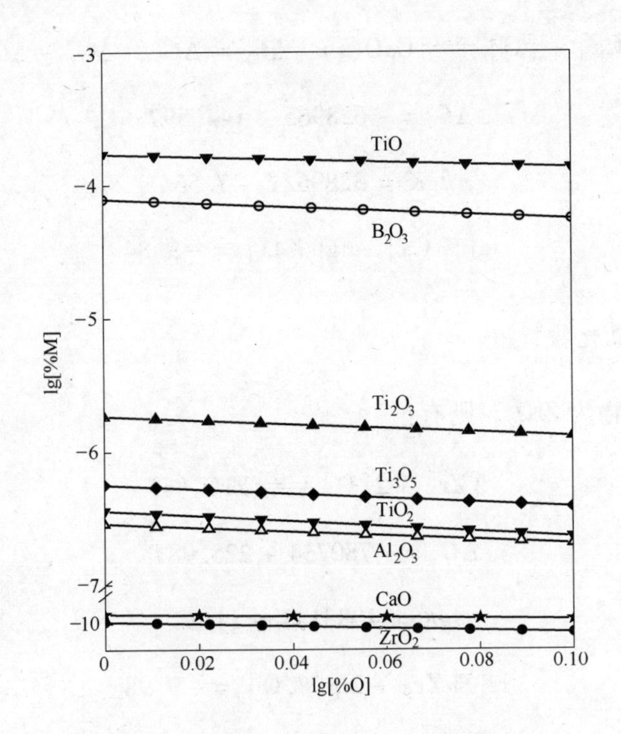

图 2-3 铁液中合金浓度与氧浓度的关系

图2-3横坐标表示氧含量的对数，纵坐标表示合金元素质量百分数的对数，图中曲线表示氧化物析出所对应的临界浓度。从图中可以看出，形成不同的氧化物的合金临界质量分数各不相同，在氧浓度一定的情况下，氧化物

M_xO_y 析出对合金 M 的临界含量要求各不相同，从低到高依次为：ZrO_2、CaO、Al_2O_3、TiO_2、Ti_3O_5、Ti_2O_3、B_2O_3、NiO、TiO。图 2-3 表明：各合金元素在钢中获得氧的能力不同，获氧能力按上述顺序递减，Zr 捕获钢中氧的能力最强，最容易与氧反应，其次是 Ca、Al，再次是 Ti、B。单个合金元素可能形成多种形式的氧化物，但形成的难易程度和稳定程度均存在差异，图中曲线代表的氧化物，位置距离横坐标越近的越容易形成，稳定性越好。

由以上分析可以推断，当往钢中加入合金时，其结合钢中的氧，会首先形成那些易于形成的、稳定性好的氧化物类型，同时消耗了钢中的氧，使钢中的氧含量降低，当氧含量低于某个临界值时，合金元素不再被氧化，氧化析出终止。

2.2.1.3 温度对合金氧化物析出的影响

Gibbs 自由能是温度的函数，温度变化时，自由能也会跟着发生变化。温度对氧化反应的影响非常明显，它可以影响反应的方向、反应的速率。反应的方向决定了最终生成何种物质，即决定了产物的性质；反应的速率决定了氧化物析出物数量的多少。

将式(2-10)~式(2-27)中序号为偶数、关于 $\Delta G^{\ominus}$ 的 9 个表达式，绘制成标准自由能随温度的变化关系曲线，如图 2-4 所示。

图 2-4 横坐标表示开氏温度，单位为开尔文，K，温度范围为 1573~1873K，纵坐标表示标准 Gibbs 自由能，单位为焦耳，J。从图 2-4 中可以看出：$\Delta G^{\ominus}$ 与 T 呈现线性函数的关系，曲线为上升曲线，随着温度的升高，这些反应的标准 Gibbs 自由能随之升高，但升高的速率不同；图中有的曲线两两相交，说明不同的氧化物在不同的温度下稳定性存在差异，在特定的温度下，一种氧化物可能被其他类型的氧化物所替代。

2.2.1.4 氧含量对氧化物析出的影响

图 2-5 表示的是氧化物析出的合金含量与氧含量的关系。从图 2-5 可以看出，随着氧含量的减少，合金元素添加量须增加才能形成相应的氧化物析出物。氧在焊接过程中是很敏感的元素，氧含量过高，焊接韧性影响显著下降。较高的含氧量使焊缝发生热裂，恶化焊接性能。

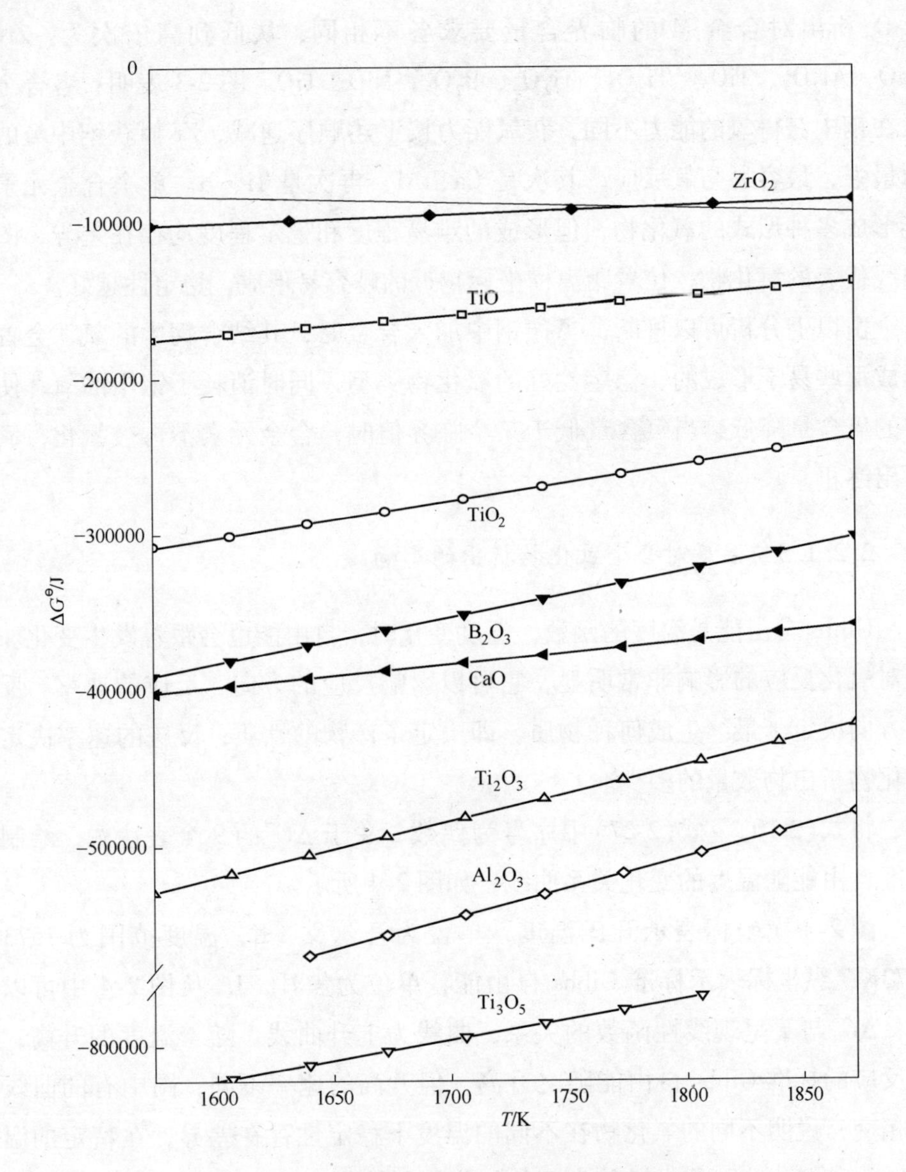

图 2-4 析出反应的 $\Delta G^{\ominus}$ 与温度的关系

氧是炼钢过程中不可避免的元素，经过脱氧以后还有一部分氧残留钢中，对钢的性能起到不利作用，应当设法减少氧的含量至较低水平。钢中的 Ca、Zr 是活性非常强的合金元素，在获取氧的竞争中优势明显，能优先于其他合金元素氧化析出。当 Ca、Zr 完全被氧化后，钢中自由形态的氧得以消耗，自由氧含量降低，此时其他元素才有可能与氧发生析出反应。

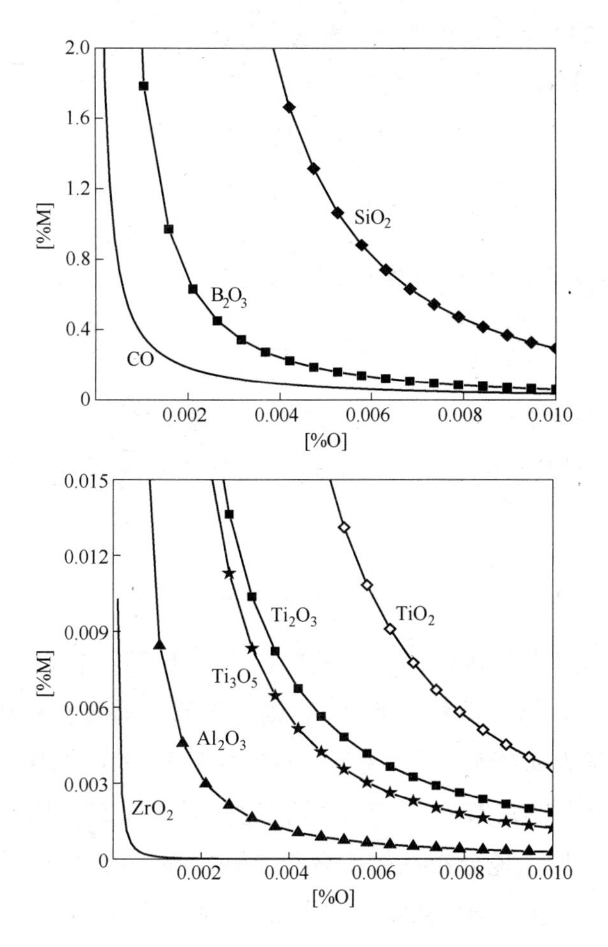

图 2-5 氧化物析出合金含量与氧含量的关系

2.2.1.5 TiO_x 的析出条件

Al 和 Ti 均为活泼金属元素，能与氧快速发生反应，在钢中起到脱氧剂的作用。当钢中同时加入 Al 和 Ti 时，势必存在这两种元素之间的氧化竞争反应。Ti 氧化形成 TiO_x，可以成为针状铁素体形核核心，对于诱导 AF 形核极为重要，而针状铁素体大量产生又是保证焊后韧性的充分条件。

合金铝和钛在钢中的氧化析出反应可表示如下：

$$2[Al] + 3[O] = (Al_2O_3) \qquad \Delta G^{\ominus} = -1214052 + 392.8T$$

$$2[Ti] + 3[O] = Ti_2O_3(s) \qquad \Delta G^{\ominus} = -1092504 + 358.1T$$

由上式得到下面反应方程式，考虑到 Ti_2O_3 和 Al_2O_3 为纯物质，其活度为

1，因此，反应的 Gibbs 自由能 ΔG 表达式为：

$$[Al] + 1/2Ti_2O_3(s) \xlongequal{\quad} [Ti] + 1/2(Al_2O_3)$$

$$\Delta G^{\ominus} = -60774 + 17.35T \tag{2-28}$$

$$\Delta G = \Delta G^{\ominus} + RT\ln\frac{f_{Ti}\cdot[\%Ti]}{f_{Al}\cdot[\%Al]}$$

要保证反应向左进行，条件是 $\Delta G>0$，即

$$\frac{[\%Ti]}{[\%Al]} > 1.023\times\exp\left(\frac{7310}{T} - 2.09\right) \tag{2-29}$$

为保证钢中生成 Ti_2O_3，必须控制钢中的钛铝比。取钢液温度为 1873K，利用表 2-2 查得相关活度系数 f_i，并将 f_i 及气体常数 R 代入方程式，得到临界钛铝相对含量为：

$$\frac{[\%Ti]}{[\%Al]} > 6.27 \tag{2-30}$$

在只考虑纯热力学理论时，当钛铝比大于 6.27，在钢液中能自发生成 Ti_2O_3。若钢中［%Al］含量为 0.003，则［%Ti］需要在 0.019 以上；若钢中［%Al］含量为 0.005，则［%Ti］不应低于 0.031。如果同时考虑热力学和动力学，则钢中生成 Ti_2O_3 所需的钛铝比会低于 6.27，因为实际钢中合金元素 Ti 会不完全均匀地分布在钢中各个位置，在一些局部产生偏聚的现象；Ti 与氧生成的氧化钛也会在冶炼及连铸过程中发生碰撞长大。在 Ti 局部偏聚的位置，Ti 含量要高于钢中平均 Ti 含量，钛铝比高于临界比值，形成 Ti_2O_3 的可能性就大大增加；同时在某些具体位置，由于局部钛含量偏低，钛铝比低于临界比值，不易形成利于 AF 形核的 Ti_2O_3 核心。当温度取 1823K，钛铝临界质量比为 6.98。

钛的氧化物形式，除了 Ti_2O_3，还有 TiO_2，Ti_3O_5 等，它们对于形核 AF 也有一定的积极作用。以下分别考虑钢中铝含量对形成 TiO_2，Ti_3O_5 的影响。

铝含量对形成 TiO_2 的影响：

$$[Ti] + 2[O] \xlongequal{\quad} TiO_2(s) \qquad \Delta G^{\ominus} = -678132 + 235.0T$$

$$2[Al] + 3[O] \xlongequal{\quad} (Al_2O_3) \qquad \Delta G^{\ominus} = -1214052 + 392.8T$$

由以上两式得到反应式：

$$4[Al] + 3TiO_2(s) \xlongequal{\quad} 3[Ti] + 2(Al_2O_3)$$

$$\Delta G^{\ominus} = -393708 + 80.6T \tag{2-31}$$

$$\Delta G = \Delta G^{\ominus} + RT\ln\frac{f_{Ti}^{3}\cdot[\%Ti]^{3}}{f_{Al}^{4}\cdot[\%Al]^{4}}$$

要保证反应向左进行的必要条件是 $\Delta G>0$，即

$$\frac{[\%Ti]^{3}}{[\%Al]^{4}} > 1.1\times\exp\left(\frac{47355}{T} - 9.69\right) \tag{2-32}$$

将 R，T，f_{Al}及f_{Ti}所对应的数值代入上式，得到船板钢中生成 TiO_2 的热力学理论条件，即

$$\frac{[\%Ti]^{3}}{[\%Al]^{4}} > 6.45\times10^{6} \tag{2-33}$$

铝含量对形成 Ti_3O_5 的影响：

$$3[Ti] + 5[O] = Ti_3O_5(s) \qquad \Delta G^{\ominus} = -1762656 + 571.2T$$

$$2[Al] + 3[O] = (Al_2O_3) \qquad \Delta G^{\ominus} = -1214052 + 392.8T$$

由以上两式得到以下反应式：

$$10[Al] + 3Ti_3O_5(s) = 9[Ti] + 5(Al_2O_3)$$

$$\Delta G^{\ominus} = -782292 + 250.4T \tag{2-34}$$

$$\Delta G = \Delta G^{\ominus} + RT\ln\frac{f_{Ti}^{9}\cdot[\%Ti]^{9}}{f_{Al}^{10}\cdot[\%Al]^{10}}$$

欲确保反应向左进行，须使 Gibbs 自由能 $\Delta G>0$，即

$$RT\ln\frac{f_{Ti}^{9}\cdot[\%Ti]^{9}}{f_{Al}^{10}\cdot[\%Al]^{10}} > 782292 - 250.4T \tag{2-35}$$

将相关数值代入上式，得到$\frac{[\%Ti]^{9}}{[\%Al]^{10}}>6.859\times10^{8}$，即为生成 Ti_3O_5 的热力学条件。

2.2.2 合金元素的氮化反应

2.2.2.1 氮化反应 Gibbs 自由能

铝、铌、钛等金属元素作为合金元素添加在钢中时，将容易形成氮化物硬相微粒。这些氮化物粒子熔点很高。表 2-3 列出了常见合金氮化物的熔点，从表中可知，Al、Ti、Zr、B 的氮化物具有极高的熔点，其值大于 3000K；而

Nb、V、Mo、Cr 的氮化物具有较高的熔点，其值在 2000 ~ 3000K 之间，仍然远远高于纯铁的熔点 1811K。这些氮化物具有较高的高温硬度，在高温下能够阻止 γ 晶界移动，对 γ 起钉扎晶界的作用。

表 2-3 几种常见合金元素氮化物的熔点

合金元素氮化物	TiN	NbN	Nb_2N	AlN	VN	ZrN	BN	Cr_2N	MoN
熔点/K	3223	2573	2673	3273	2323	3233	3240	1923	2023

氮化物析出反应 ΔG 的计算：

合金元素 M 与钢中的 N 反应，生成氮化物的反应可用式（2-36）表示。反应平衡时 $\Delta G = 0$，则得到式（2-37），将 K 的表达式代入得式（2-38）。

$$x[\mathrm{M}] + y[\mathrm{N}] = \mathrm{M}_x\mathrm{N}_y \tag{2-36}$$

$$\Delta G^{\ominus} = -RT\ln K \tag{2-37}$$

$$x\lg f_{\mathrm{M}} + y\lg f_{\mathrm{N}} + x\lg\left(\frac{w_{\mathrm{M}}}{w^{\ominus}}\right) + y\lg\left(\frac{w_{\mathrm{N}}}{w^{\ominus}}\right) = \frac{\Delta G^{\ominus}}{2.3RT} \tag{2-38}$$

Ti 在钢中的氮化反应过程表示为[63]：

$$\mathrm{Ti(s)} = \mathrm{Ti(l)} \qquad \Delta G_1^{\ominus} = 15500 - 8.0T$$

$$\mathrm{Ti(l)} = [\mathrm{Ti}] \qquad \Delta G_2^{\ominus} = -69500 - 27.28T$$

$$1/2\mathrm{N_2(g)} = [\mathrm{N}] \qquad \Delta G_3^{\ominus} = 3598 + 23.89T$$

$$\mathrm{Ti(s)} + 1/2\mathrm{N_2(g)} = \mathrm{TiN(s)} \qquad \Delta G_4^{\ominus} = -334500 + 93.0T$$

$$[\mathrm{Ti}] + [\mathrm{N}] = \mathrm{TiN(s)} \qquad \Delta G^{\ominus} = \Delta G_4^{\ominus} - \Delta G_3^{\ominus} - \Delta G_2^{\ominus} - \Delta G_1^{\ominus}$$

$$\Delta G^{\ominus} = -291000 + 107.91T \tag{2-39}$$

$$\lg[\%\mathrm{Ti}] + \lg[\%\mathrm{N}] = -2.48 \tag{2-40}$$

Al 在钢中的氮化反应过程表示为：

$$\mathrm{Al(l)} = [\mathrm{Al}] \qquad \Delta G_1^{\ominus} = -63178 - 27.91T$$

$$1/2\mathrm{N_2(g)} = [\mathrm{N}] \qquad \Delta G_2^{\ominus} = 3598 + 23.89T$$

$$\mathrm{Al(l)} + 1/2\mathrm{N_2(g)} = \mathrm{AlN(s)} \qquad \Delta G_3^{\ominus} = -325100 + 112.13T$$

$$[\mathrm{Al}] + [\mathrm{N}] = \mathrm{AlN(s)} \qquad \Delta G^{\ominus} = \Delta G_3^{\ominus} - \Delta G_2^{\ominus} - \Delta G_1^{\ominus}$$

$$\Delta G^{\ominus} = -265520 + 116.15T \tag{2-41}$$

$$\lg[\%\mathrm{Al}] + \lg[\%\mathrm{N}] = -1.34 \tag{2-42}$$

Nb 在钢中的氮化反应过程表示为：

$$Nb(s) = [Nb] \qquad \Delta G_1^\ominus = 23012 - 52.3T$$

$$1/2N_2(g) = [N] \qquad \Delta G_2^\ominus = 3598 + 23.89T$$

$$Nb(s) + 1/2N_2(g) = NbN(s) \qquad \Delta G_3^\ominus = -237651 + 84.62T$$

$$[Nb] + [N] = NbN(s) \qquad \Delta G^\ominus = \Delta G_3^\ominus - \Delta G_2^\ominus - \Delta G_1^\ominus$$

$$\Delta G^\ominus = -264261 + 113.03T \tag{2-43}$$

$$\lg[\%Nb] + \lg[\%N] = -1.47 \tag{2-44}$$

V 在钢中的氮化反应过程表示为：

$$V(s) = [V] \qquad \Delta G_1^\ominus = -20711 - 45.61T$$

$$1/2N_2(g) = [N] \qquad \Delta G_2^\ominus = 3598 + 23.89T$$

$$V(s) + 1/2N_2(s) = VN(s) \qquad \Delta G_3^\ominus = -174473 + 83.26T$$

$$[V] + [N] = VN(s) \qquad \Delta G^\ominus = \Delta G_3^\ominus - \Delta G_2^\ominus - \Delta G_1^\ominus$$

$$\Delta G^\ominus = -157360 + 104.98T \tag{2-45}$$

$$\lg[\%V] + \lg[\%N] = 1.1 \tag{2-46}$$

Zr 在钢中的氮化反应过程表示为：

$$Zr(s) = [Zr] \qquad \Delta G_1^\ominus = -64434 - 42.38T$$

$$1/2N_2(g) = [N] \qquad \Delta G_2^\ominus = 3598 + 23.89T$$

$$Zr(s) + 1/2N_2(s) = ZrN(s) \qquad \Delta G_2^\ominus = -364008 + 92.05T$$

$$[Zr] + [N] = ZrN(s) \qquad \Delta G^\ominus = \Delta G_3^\ominus - \Delta G_2^\ominus - \Delta G_1^\ominus$$

$$\Delta G^\ominus = -303172 + 110.54T \tag{2-47}$$

$$\lg[\%Zr] + \lg[\%N] = -2.68 \tag{2-48}$$

B 在钢中的氮化反应过程表示为：

$$B(s) = [B] \qquad \Delta G_1^\ominus = -65270 - 21.55T$$

$$1/2N_2(g) = [N] \qquad \Delta G_2^\ominus = 3598 + 23.89T$$

$$B(s) + 1/2N_2(s) = BN(s) \qquad \Delta G_3^\ominus = -253550 + 91.21T$$

$$[B] + [N] = BN(s) \qquad \Delta G^\ominus = \Delta G_3^\ominus - \Delta G_2^\ominus - \Delta G_1^\ominus$$

$$\Delta G^\ominus = -191878 + 88.87T \tag{2-49}$$

$$\lg[\%B] + \lg[\%N] = -0.71 \tag{2-50}$$

2.2.2.2 合金元素的获氮能力

将式(2-39)~式(2-50)中序号为偶数的6个函数关系式，绘制成氮百分含量［%N］与合金添加元素百分含量［%M］的析出曲线，如图2-6所示。从图2-6可知，合金元素获得氮的能力，由强到弱依次为：Zr > Ti > Nb > Al > B > V。Zr与Ti获得N的能力处于远远领先于其他合金的水平，而Nb、Al和B元素与N的亲和力次之，V在上述六种元素中没有竞争力。Zr的存在对形成氮化钛构成强势的竞争。

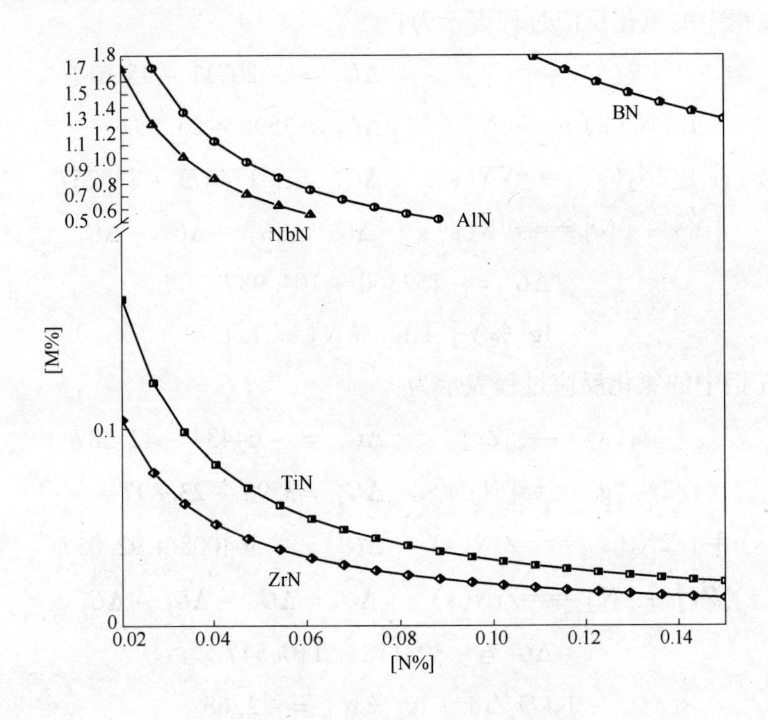

图2-6 合金元素含量与氮含量的关系

2.2.2.3 TiN的析出条件

因为，钢中Zr、Ti与氮单独化学反应可写为：

$$[\mathrm{Zr}] + [\mathrm{N}] = \mathrm{ZrN(s)} \qquad \Delta G_1^{\ominus} = -303172 + 110.54T$$

$$[\mathrm{Ti}] + [\mathrm{N}] = \mathrm{TiN(s)} \qquad \Delta G_2^{\ominus} = -291000 + 107.91T$$

所以，钢中Zr、Ti的获氮竞争反应可用式（2-51）形式表示：

$$[Zr] + TiN(s) = [Ti] + ZrN(s) \quad \Delta G^{\ominus} = \Delta G_1^{\ominus} - \Delta G_2^{\ominus}$$

$$\Delta G^{\ominus} = -12172 + 2.63T \tag{2-51}$$

$$\Delta G = \Delta G^{\ominus} + RT\ln\frac{f_{Ti}\cdot[\%Ti]}{f_{Zr}\cdot[\%Zr]}$$

若反应向左自发进行，$\Delta G \geqslant 0$，即

$$\frac{[\%Ti]}{[\%Zr]} \geqslant \exp\left(\frac{1464}{T} - 0.32\right) \tag{2-52}$$

反应温度 T 取 1873K 时，有：

$$\frac{[\%Ti]}{[\%Zr]} \geqslant 1.58 \tag{2-53}$$

2.2.3 小结

通过计算、比较和分析合金元素与钢中氧或氮反应的 Gibbs 自由能，得到以下结论：

（1）利用一阶活度相互作用系数计算出船板钢中各元素的活度系数，并由此计算出钢液中各脱氧元素与［%O］的平衡关系，得出脱氧合金的获氧能力由强至弱排序：Zr > Ca > Al > Ti，为冶炼实验提供重要的理论参考。

（2）钢中析出 Ti_2O_3 的条件为 $\frac{[\%Ti]}{[\%Al]} > 6.27$；析出 TiO_2 的条件为 $\frac{[\%Ti]^3}{[\%Al]^4} > 6.45\times10^6$，钛铝比至少为 19；生成 Ti_3O_5 的热力学条件为 $\frac{[\%Ti]^9}{[\%Al]^{10}} > 6.859\times10^8$，钛铝比至少达到 5.03。

（3）钢液中各合金元素获氮能力排序：Zr > Ti > Nb > Al > B > V。钛锆竞争获氮反应中，获得 TiN 的热力学条件为：$\frac{[\%Ti]}{[\%Zr]} \geqslant 1.58$。

2.3 实验室基础研究

大热输入焊接用钢的研究重点就是冶炼工艺，这也是日本提出的“氧化物冶金”技术的基础。通过合适的冶炼工艺向钢中添加某些合金元素，能够形成一定类型、数量、尺寸、分布的夹杂物，这些夹杂物在钢板大热输入焊接热循环过程中，会抑制奥氏体晶粒的粗化，同时能够细化晶内组织，获得

良好的 HAZ 韧性。能够发挥这两方面作用的夹杂物大多为高熔点夹杂物，即在焊接热影响区仍然能够保持稳定的第二相粒子，如 Ti 的氮化物及氧化物，Mg、Zr、Ca、REM 等合金元素的氧化物或硫化物。为了能够形成这类高熔点夹杂物，就需要在冶炼过程中添加这类合金，而如何添加，则是氧化物冶金技术的关键所在。日本在这方面的技术已比较成熟，但一直采取严格的保密措施，以防止技术泄密。在一些公开发表的文献资料中几乎都故意略掉或隐藏关键点，而是只说明其获得的效果。

而采用传统冶炼方法生产的钢板，在大热输入焊接热循环以后，会由于奥氏体晶粒的严重粗化及晶内形成脆硬相组织，使 HAZ 韧性大幅度下降，往往不能满足冲击韧性的最低要求。所谓的传统冶炼方法，就是目前我国钢厂普遍采用的常规冶炼方法，这种常规冶炼方法与大热输入焊接用钢冶炼方法的主要区别在于：常规方法在转炉冶炼、LF 炉精炼、RH（或 VD 等）真空处理过程中，不控制合金的添加顺序和添加时机，只是按照目标成分值添加合金或进行工艺操作，以保证成品钢板的化学成分，对于钢中的夹杂物控制多以洁净钢为目标，即钢中的夹杂物越少越好。而氧化物冶金技术的目标是钢中的大尺寸夹杂物越少越好，小尺寸的夹杂物越多越好。大热输入焊接用钢对大尺寸夹杂物的控制目标与洁净钢是一致的，而对小尺寸夹杂物的控制目标正好相反。

由于钢中的合金元素种类较多，常用的合金元素有 C、Si、Mn、P、S、Al、Ca、Nb、V、Ti、Ni、Cr、Mo 等，还有钢中不可避免的 O、N、H 等气体元素，如果再添加 Mg、Zr、REM 等易形成高熔点第二相粒子的元素，则冶炼过程的合金反应将会更加复杂。各合金元素对第二相粒子的形成会产生不同程度的影响，复合夹杂物的类型、数量、尺寸、分布均会发生变化。另外，钢中存在的夹杂物有多种，并不是全部有益于 HAZ 韧性，只有部分“有效夹杂物”才会发挥作用。目前已知的对 IAF 形核有益的夹杂物类型多为复合夹杂物，是以高熔点的第二相粒子为核心复合而成，已有的文献[64]列举的部分有利夹杂物有：TiN-MnS、Ti_2O_3-CaS、TiN-MnS-$Fe_{23}(CB)_6$、REM(O,S)-BN、Ca(O,S)、Ti_2O_3-TiN-MnS、MnS-VN 等，还有含 Mg、Zr 等的复合夹杂物在此就不一一列举了。可见夹杂物具有特殊化和复杂化的特点。

工业生产的钢中一般都含有 Ca，它是在精炼末期对钢液进行 Ca 处理而添加的，目的是使夹杂物球化，从而改善钢板的力学性能，这与氧化物冶金技术中 Ca 的作用机制不同。如果采用 Ca 的氧化物或硫化物或氧硫化物来控制夹杂物，就要改变 Ca 的加入方式。另外，在冶炼的温度下，由于 Mg、Ca、REM 等合金元素的蒸气压大，如何提高收得率和成分命中率是难点。对于不添加 Mg、Zr、REM 等元素，只采用含 Ti 夹杂物来生产大热输入焊接用钢来说，相对比较简单，可操作性较强。但是，Ti 的氧化物很容易在钢液中聚集长大，甚至上浮，凝固过程中，这种较大尺寸的氧化钛聚合体多会残留在钢中，对大热输入焊接性能产生不利影响，所以不能单纯地采用所谓的 Ti 脱氧方法来生产大热输入焊接用钢。

RAL 实验室以小炉冶炼为基础，研究不同的合金添加方法及添加工艺，通过调整多种合金的添加顺序和添加时机，分析冶炼工艺对钢中夹杂物的数量、尺寸、类型的影响规律，探索冶炼工艺对大热输入焊接性能的作用机理。以下分别对 Ti、Mg、Zr、REM 等几种主要元素的研究结果进行分析。

2.3.1 钛添加钢的基础研究

钛是常用的微合金化元素，现行的传统钢中添加的 Ti 多在钢中形成尺寸大于0.5μm 的单独 TiN 粒子，而这类 TiN 不能对大热输入焊接 HAZ 韧性产生有益作用。必须在冶炼过程中采用新工艺添加 Ti。其目的是形成大量微细弥散的氧化钛，同时使 TiN 的尺寸全部形成0.5μm 以下的小颗粒。

为对比冶炼工艺的效果列举两炉钢。其中 A 钢为传统冶炼方法，即采用钢厂常用的不控制合金添加顺序和添加时机的方法进行合金化；B 钢在冶炼过程中，采用自行研制的真空感应炉在线温氧检测装置，控制添加 Ti 合金时钢液的温度及溶解氧含量，并控制各合金的添加顺序和添加时机。两种钢的基本化学成分（质量分数/%）为：C，0.09，Si，0.20，Mn，1.50，P，0.007，S，0.003，Ti，0.015，其他微合金元素 $Mo + V + Al + Nb + Ni < 0.5$，且各元素两炉含量相同。采用相同的 TMCP 工艺轧制成相同厚度的钢板，用 Leica DMIRM 和 LEICAQ550IW 型光学显微镜统计夹杂物尺寸及面密度；并用 FEI Quanta 600 及 JSM-6490 扫描电子显微镜（SEM）、FEITecnaiG220 型透射电镜（TEM）及其各自的能谱仪（EDS）对夹杂物进行微观分析。

钢板加工成 11mm × 11mm × 55mm 的焊接热模拟试样，采用 MMS-300 型热力模拟试验机，进行大热输入焊接热模拟实验。传热模型为 Rykalin-2D 二维模型（以 Q 求 $t_{8/5}$模型），模拟试验的有关参数设定为：焊接热输入分别为 100kJ/cm、120kJ/cm，加热速度 100℃/s，峰值温度选用 1400℃，冷却终止温度 300℃。每组做 3 个试样。将热模拟后的试样加工成标准夏比 V 型冲击试样，试样缺口位于模拟试样的中心部位（热电偶焊点处），在 9250 落锤冲击试验机上进行 -20℃ 冲击试验。对热模拟试样用线切割机横切热电偶焊点处，对断面组织和夹杂物采用上述设备进行观察和检测。

2.3.1.1 冶炼工艺对夹杂物数量的影响

A 钢和 B 钢抛光样采用金相显微镜放大 500 倍的单张照片如图 2-7 所示，连续 36 张照片合并后的夹杂物形貌如图 2-8 所示，统计的夹杂物结果如图2-9 所示。

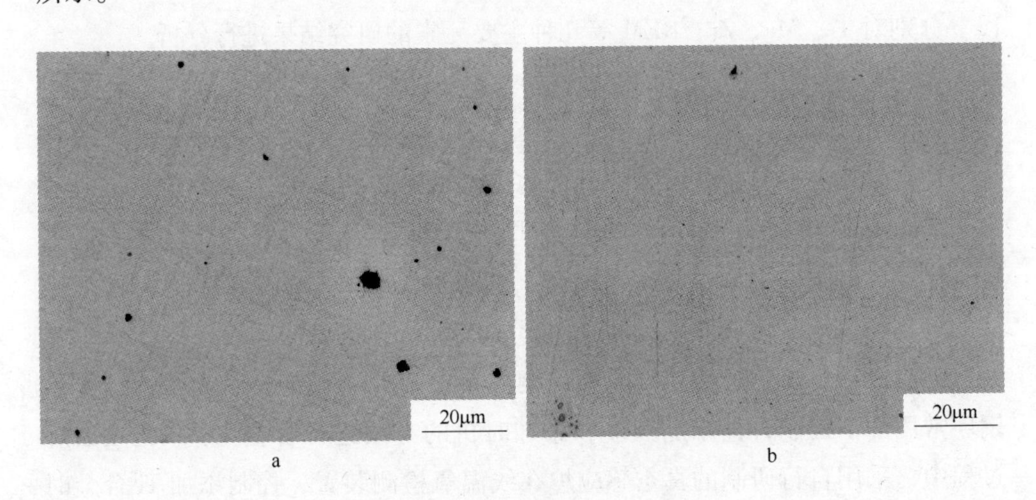

图 2-7 单张照片中夹杂物的形貌示例

a—A 钢；b—B 钢

由图2-9 可见，B 钢的夹杂物面密度约为 A 钢的3. 5 倍，说明新冶炼工艺能够提高夹杂物数量。由图 2-7 和图 2-8 中可以看出，A 钢的大尺寸夹杂物较多，而 B 钢中的小尺寸夹杂物较多。由于这种实验方法采用的是抛光样，试样表面会残留部分外来杂质，以及由气体产生的气孔、颗粒抛掉而产生的空洞和抛光时产生的裂纹很难区分清楚。而夹杂物的数量和尺寸的计算选用的是显微镜自身的软件系统，是根据视场中的明暗度对比来识别夹杂物的尺寸

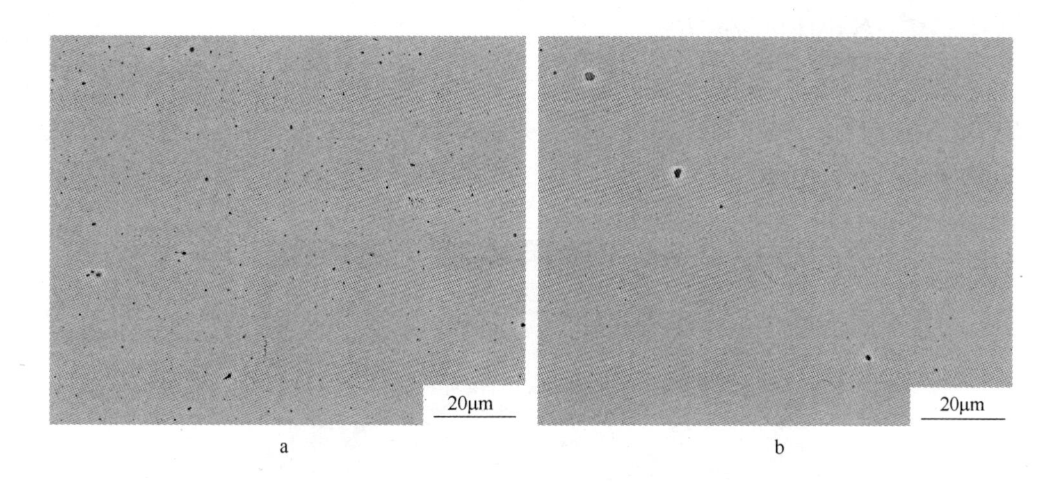

图 2-8 连续 36 张照片组合后夹杂物形貌

a—A 钢；b—B 钢

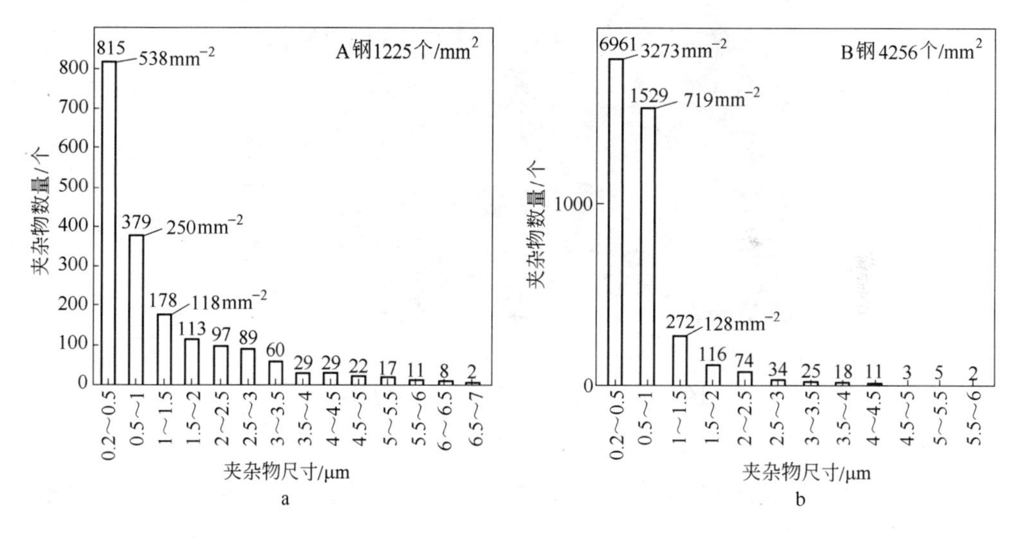

图 2-9 夹杂物 OM 统计结果

a—A 钢；b—B 钢

和个数，所以统计结果会与实际情况产生误差。实验中观察的试样表面需要经过多次抛光与清洗，并进行多次观察与统计，以消除外来杂质对统计结果的影响。另外，这种方法统计的夹杂物中，会将“非有效夹杂物”也包含在内，对能够形成 IAF 的夹杂物数量无法准确计数。所以，这种方法只能够粗略计算钢中夹杂物数量的多少，但对于判断冶炼工艺对夹杂物数量等的影响规律却是一种快速可行的方法。

图2-10为采用萃取复型试样利用透射电镜观察到的夹杂物形貌。图2-10a、b分别为A钢和B钢的含TiN夹杂物数量统计图，采用的是连续30个视场照片的合并图像。

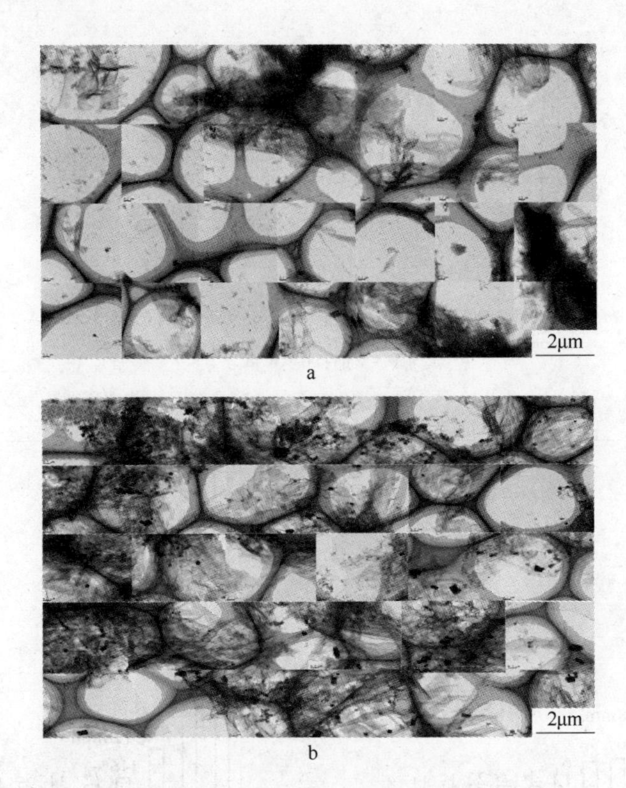

a

b

图2-10　萃取复型试样的夹杂物形貌

a—A钢；b—B钢

由图2-10中可直观看出：B钢中的夹杂物数量远高于A钢。其夹杂物统计结果如图2-11所示。从图2-11中夹杂物的数量对比结果可以看出：尺寸为0.01～0.3μm范围内的TiN粒子的密度，B钢为2.9×10^6个/mm^2，A钢为0.7×10^6个/mm^2，B钢约为A钢的4.1倍；0.3～0.5μm范围内的TiN粒子的密度，B钢为1.9×10^4个/mm^2，A钢为1.3×10^4个/mm^2，两种钢板相差不大；而B钢中大于0.5μm的TiN粒子并未发现，A钢中却存在尺寸大于0.5μm甚至大于1μm的TiN粒子，由于平均密度<1个/mm^2，未能列入图中。

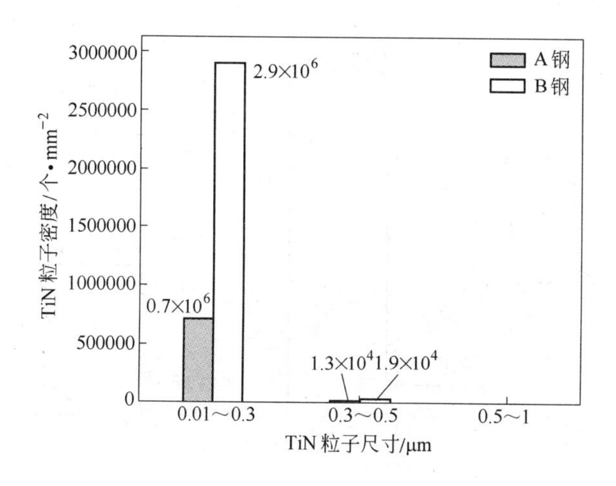

图 2-11 两种钢 TiN 统计结果

采用扫描电镜对抛光试样夹杂物进行观察可以比较准确地确认夹杂物的类型尺寸及数量。对于同一个视场来说，可以采用背散射图像来消除外来夹杂物的影响，而且能够对夹杂物进行成分分析或元素分布扫描，从而确定夹杂物的组成。图 2-12 为 A 钢和 B 钢 SEM 背散射图像对比。由图 2-12 中可以看到：A 钢中夹杂物数量少，且存在尺寸大于 10μm 的夹杂物；B 钢中夹杂物数量多，尺寸均小于 5μm。采用此方法统计较大尺寸夹杂物的数量时，应采取 1000 倍率，连续拍摄面积应该大于 1mm^2，然后再计算夹杂物面密度。

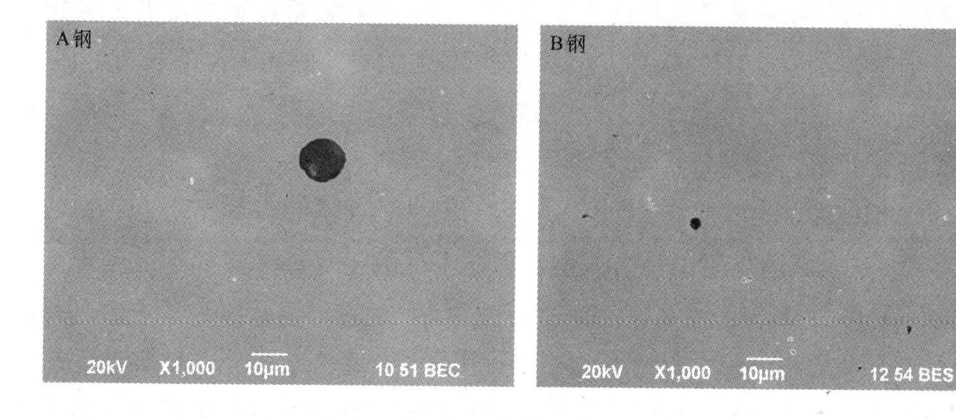

图 2-12 两种钢的夹杂物 SEM 对比

采用 SEM 统计的含 Ti 氧化物夹杂数量统计结果如图 2-13 所示。由图2-13 可见，A 钢中尺寸 0.5 ~ 5μm 的含 Ti 氧化物密度为 83 个/mm^2，B 钢中尺寸

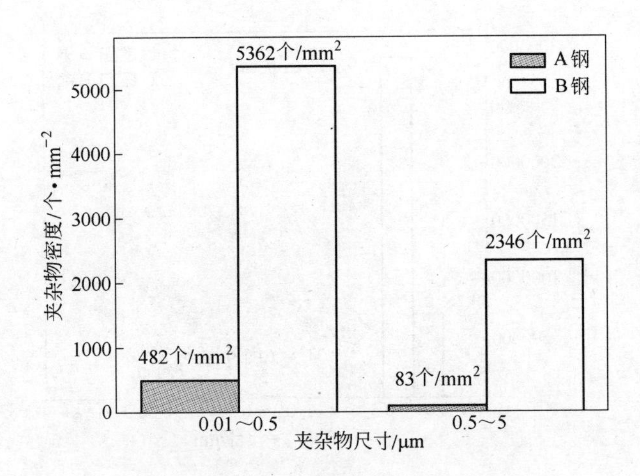

图 2-13 含 Ti 氧化物 SEM 统计结果

0.5～5μm 的含 Ti 氧化物密度为 2346 个/mm^2；而尺寸为 0.01～0.5μm 的含 Ti 氧化物密度，A 钢为 482 个/mm^2，B 钢为 5326 个/mm^2，可见，新冶炼工艺的 B 钢中含 Ti 氧化物数量远高于 A 钢。采用 SEM 统计夹杂物时，对钢中尺寸大于 0.5μm 的夹杂物采用 1000 倍率，对尺寸小于 0.5μm 的夹杂物则需要放大更高的倍数，通常多采用场发射扫描电镜或透射电镜以 10000 倍率进行观察统计，需要观察和检测的视场个数也相应增加，特殊情况则需要放大更高的倍率。而且由于需要对每个视场中的夹杂物进行能谱分析，因而需要时间较长。检测结果显示两种尺寸范围的含 Ti 氧化物数量 B 钢均高于 A 钢 10 倍以上，这表明新冶炼工艺获得了比传统冶炼工艺更多的细小含 Ti 氧化物。

以上采用不同的方法对夹杂物数量的统计结果虽然不一致，但可以确认的是：采用新工艺冶炼的 B 钢，其夹杂物数量远高于 A 钢。

关于钢中夹杂物的形成过程，一般可以分为两种：一种称为一次夹杂物（如 Ti_2O_3），是在冶炼过程中形成的。钢中添加的各合金元素相互之间产生的氧化、还原反应，合金元素与 O、N 等气体元素的化学反应等，均会对夹杂物的数量及类型、尺寸产生影响。另一种称为二次夹杂物，是在钢液冷却过程中形成的（如 TiN、MnS）。在钢液凝固阶段，在冶炼过程中形成的高熔点夹杂物有的会保持原有的类型及尺寸，有的则会吸附或聚集长大，一些低熔点夹杂物在冷却过程中析出，或者以独立状态存留在铸坯中，或者依附、包覆在高熔点夹杂物周围而使夹杂物更加复杂化。合金添加剂的种类选择、添加量、添加方法、凝固条件等多种因素，均会对钢中夹杂物的数量产生影响。

在不考虑因碰撞而形成凝聚体的脱氧条件下，钢中粒子的生成分为三个阶段，即粒子的形核、长大及 Ostwald 成长。在初期析出的粒子主要依存过饱和度 $S(=[M]\cdot[O]/([M]_{eq}\cdot[O]_{eq}))$ 的时间与空间上的变化、析出粒子和钢液之间的界面能 γ 及脱氧平衡浓度积 $([M]_{eq}\cdot[O]_{eq})$，并且均随时间变化[65]。在钢中的合金元素 M 和 O 的浓度积随时间而增大，当 $S=1$ 时达到平衡，当在某一时刻达到临界过饱和度时开始形核，形核后的大量脱氧元素 M 在消耗 O 的同时进行长大，过饱和度 S 减小，再次达到临界过饱和度时形核结束，在过饱和度达到平衡之前，粒子的扩散结束，开始 Ostwald 成长。如果过饱和度小、界面能大时，形核的开始时间到结束时间就变长，也就是形核与长大的时间变长，使粒子密度减小。因此，由于快速形核后的长大驱动力小，粒子近乎于呈单个分散，抑制初期的 Ostwald 成长。这是形成大量微细粒子的关键。

如果考虑到钢液的流动性，则在形核后的 Ostwald 成长过程中，脱氧形成的粒子则会由于碰撞、扩散及 Ostwald 熟化（Ostwald Ripening），而使粒子的总数量减少、尺寸增大。在不考虑碰撞时，扩散情况下的因 Ostwald 熟化而使粒子长大遵循 LSW 理论（Lifshitz，Slyozov and Wagner 理论），其关系如式（2-54）、式（2-55）所示。

$$\bar{r}^3-\bar{r}_0^3=\alpha\cdot k_d\cdot t \tag{2-54}$$

$$k_d=\frac{2\gamma D_O V_O C_O}{RT(C_P-C_O)}=\frac{2\gamma D_O}{RT}\cdot\frac{M_P^2}{x^2M_O}\cdot\frac{\rho_{Fe}}{\rho_P^2}\cdot[\text{ppm O}]\times10^{-6} \tag{2-55}$$

式中 $\bar{r}$——t 时刻粒子的平均半径，cm；

$\bar{r}_0$——Ostwald 长大开始时刻的粒子平均半径，cm；

α——粒子粗化系数；

γ——氧化物和液态铁之间的界面能，J/cm^2；

C_O——液态铁中的溶解氧（单位体积的重量），g/cm^3（$=\rho Fe[ppmO]\times10^{-6}$）；

D_O——氧扩散系数，cm^2/s；

C_P——氧化物中氧的单位体积重量，g/cm³（$=\rho_P x M_O/M_P$，x：MO_x 中的 x[ppm O] $\times 10^{-6}$）；

ρ_{Fe}，ρ_P——液态铁及氧化物的密度，g/cm³；

V_O——氧化物中的氧 1mol 的摩尔体积，cm/mol（$=M_O/C_P=M_P/(\rho_P x)$）；

M_P，M_O——氧化物的分子量及氧原子量；

R——气体常数，mol/cm³；

T——绝对温度，K。

由式（2-54）和式（2-55）可知，对于钢中已形成的一定类型的氧化物粒子，在 t 时刻的粒子半径与钢中的溶解氧浓度和时间有关。焊接过程中，由于熔敷金属的凝固速度快，析出的粒子在粗化之前的长大时间短，所以氧化物粒子尺寸小，粒子数量多[66]。而冶炼至连铸结束的时间远远长于焊接时间，所以粒子有充分时间长大，这就需要控制钢中的氧含量。钢中加入脱氧合金后，全氧与溶解氧都随时间而减少[67]，溶解氧降低的程度要大于全氧，而溶解的合金元素在和氧达到平衡后变化较小。所以，由 Ostwald 长大的粒子在粗化时，可以通过降低平衡氧浓度来抑制粒子的粗化。

钢液的凝固阶段对最终的夹杂物数量也有很大影响。脱氧后的粒子分布状态、凝固时由于微观偏析引起的溶质元素的浓度变化、凝固过程由均匀形核与不均匀形核而结晶的粒子、一次脱氧生成的粒子的扩散作用、平衡后由 Ostwald 熟化而造成的粒子长大作用，均会对夹杂物的形成与长大产生影响，其过程与机理极其复杂。凝固过程中的一次夹杂物的尺寸和组成会发生变化，再加上凝固过程中结晶出的粒子的尺寸、数量及组成的影响，使凝固过程的控制显得尤为重要。

文献［68］以扩散长大模型来说明铸坯中夹杂物的影响机理，观察到铸坯表面的氧化物粒子数量多、尺寸小，是因为凝固过程的冷却速度增大，使氧化物结晶的过饱和度增大，结晶的几率增加。快速冷却与缓慢冷却相比，钢中 1μm 以下的微细粒子数量多。文献［69］把铸坯以不同冷却速度冷却后观察夹杂物的数量，发现由于铸坯中心的冷却速度小，粒子会显著长大，铸坯厚度越大，铸坯中心夹杂物的数量少、尺寸大，认为是 Ostwald 熟化机理产生的粒子的长大。降低溶解氧、减小铸坯厚度、缩短凝固时间以及降低 P、S 浓度，这些措施都能够缩小最终凝固部位的凝固温度区域，抑制粒子长大。不论哪种模型机制，增加铸坯的冷却速度均会有利于夹杂物的细小。但是，由于在凝固阶段的不同温度区间，再结晶出的粒子类型不同，且与一次夹杂物的相互作用复杂，所以要根据需要获得的夹杂物类型来控制不同温度区间的铸坯冷却速度。

2.3.1.2 冶炼工艺对夹杂物尺寸的影响

按图 2-9 观察结果，B 钢中尺寸为 0.2 ~ 0.5μm 的夹杂物面密度为 3273 个/mm^2，A 钢为 538 个/mm^2，约为 A 钢的 6.08 倍；B 钢中尺寸为 0.5 ~ 1.0μm 的夹杂物面密度为 1529 个/mm^2，A 钢为 250 个/mm^2，B 钢约为 A 钢的 6.12 倍。按照图 2-13 观察的结果，也表现出 B 钢的小尺寸夹杂物数量远高于 A 钢。由此可见：采用新冶炼工艺的 B 钢，小尺寸的夹杂物密度比 A 钢增加数倍，而大尺寸的夹杂物密度却表现出相反的结果。甚至在 A 钢中发现了尺寸达 28.7μm 的夹杂物，如图 2-14 所示。由图 2-14 可见，此夹杂物中存在多个 MgO 粒子，呈明显聚集状态，CaO 和 Al_2O_3 包覆其外。由于 MgO 粒子为高熔点夹杂物，一般是由耐火材料溶进钢中或合金化阶段由合金所带入，

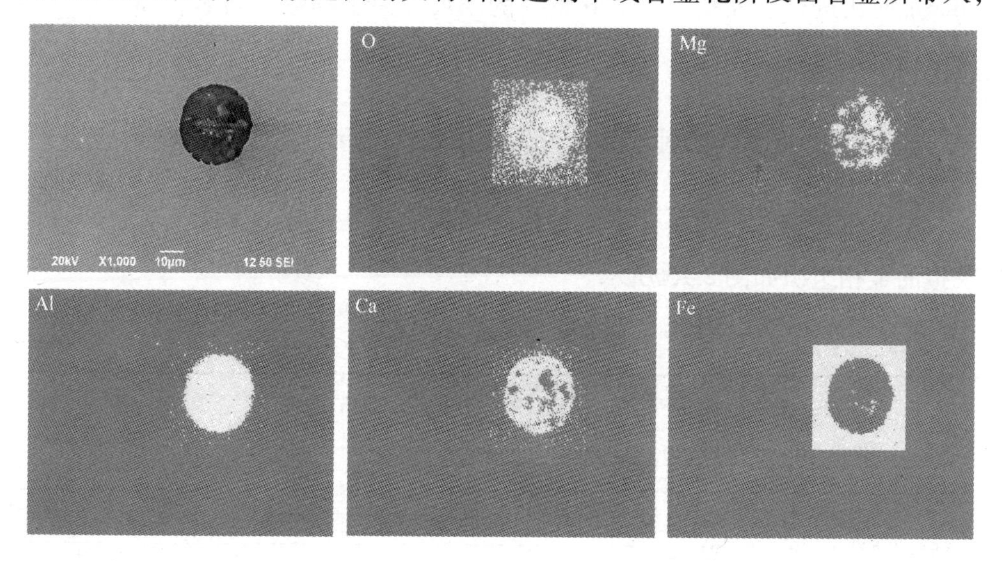

图 2-14 A 钢中的超大夹杂物形貌与组成

在钢液中首先形成并容易聚集长大，后形成的其他夹杂物多依附其上，使最终的复合夹杂物尺寸过大，若不能使这种大尺寸夹杂物上浮，则会留存在钢中成为微裂纹源，降低钢板韧性及 HAZ 韧性。

控制钢中夹杂物的长大，在前一节已经有过说明。除了上述的粒子形核后的碰撞、扩散及 Ostwald 熟化机制的影响因素外，钢中添加的合金元素种类和添加量及保温时间也会对夹杂物的尺寸产生重要影响。在1600℃保温时，粒子的长大速度由大到小排序为 $Al_2O_3 > ZrO_2 > MgO > CaO\text{-}Al_2O_3 > MnO\text{-}SiO_2$；晶核间距对粒子的长大会产生重要影响；粒子尺寸的长大随保温时间的减短而减小；而粒子尺寸随保温时间的对数成正比例关系，斜率为1/3；粒子数量与保温时间的对数也成正比例关系，斜率为1；在发生 Ostwald 熟化的过程中，粒子粗化速率强烈地依赖溶解氧的含量，同时也受尺寸的分布范围影响。所以，用强脱氧剂脱氧时由于形成小氧化物颗粒需要的溶解氧的含量低，因此粗化速率低，但是，由于用强脱氧剂时尺寸分布范围宽，会导致粗化速率增大。因此，要控制夹杂物的尺寸，除了要选用合适的脱氧剂类型和添加量以外，还要控制加入后的保温时间，即控制合金的添加时机。

本实验中正是考虑到以上的影响因素，在冶炼过程中对合金的添加顺序和添加时机进行了控制，使得 B 钢中的小尺寸夹杂物数量增多，而大尺寸的夹杂物数量减少，实现了对夹杂物尺寸的合理控制。

2.3.1.3 冶炼工艺对大热输入焊接性能的影响

A 钢和 B 钢在相同条件下的焊接热模拟实验结果如表 2-4 所示，焊接热模拟的金相组织如图 2-15 所示。

表 2-4 焊接热模拟结果

类别	R_{eL} /MPa	R_m /MPa	母材 A_{KV} (-20℃)/J	模拟热输入 /kJ·cm^{-1}	$t_{8/5}$ /s	峰值温度 /℃	停留时间 /s	焊接热模拟 A_{KV}(-20℃)/J
A 钢	530	640	265	100	138	1300	1	15, 13, 19　$\underline{16}$
				100	138	1400	1	4, 5, 6　$\underline{5}$

续表 2-4

类别	R_{eL} /MPa	R_m /MPa	母材 A_{KV} (－20℃)/J	模拟热输入 /kJ·cm^{-1}	$t_{8/5}$ /s	峰值温度 /℃	停留时间 /s	焊接热模拟 A_{KV}(－20℃)/J
B 钢	540	645	260	100	138	1300	1	169，154，133 <u>152</u>
				100	138	1400	1	108，109，89 <u>102</u>

由表 2-4 可见：A、B 两种钢板经相同的焊接热循环后，其－20℃冲击功值 B 钢明显高于 A 钢。图 2-15a、b 分别为 A 钢、B 钢经 1300℃热循环后的金相组织。由图 2-15 可见：B 钢的奥氏体平均晶粒尺寸为 90μm，小于 A 钢的平均 210μm，且晶内贝氏体组织比 A 钢更为细小，所以表现出良好的冲击韧性。图 2-15c、d 分别为 A 钢、B 钢经 1400℃热循环后的金相组织。由图2-15c 可见：A 钢的奥氏体平均晶粒尺寸为 500μm，且原奥氏体晶界处的先共析铁

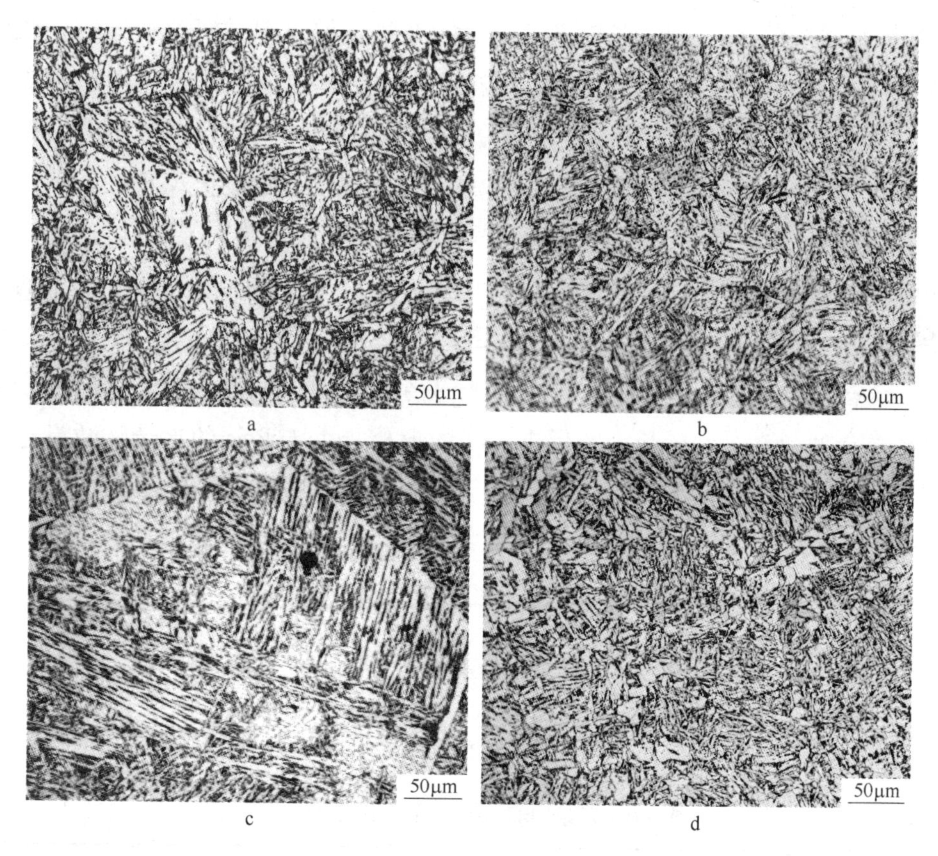

图 2-15　焊接热模拟金相组织

a—A 钢 1300℃；b—B 钢 1300℃；c—A 钢 1400℃；d—B 钢 1400℃

素体呈板片状，由晶界向晶内生长大量的侧板条状贝氏体或魏氏组织，晶内还存在大块状的粒状贝氏体组织；而图 2-15d 中 B 钢的奥氏体平均晶粒尺寸为 180μm，原奥氏体晶界处的先共析铁素体呈多边形块状，晶内绝大部分为针状铁素体组织，由晶界向晶内生长的板条贝氏体数量极少，且尺寸短小，表现出比 A 钢更加优越的冲击韧性。对于同一炉钢，随着峰值温度的升高，奥氏体晶粒尺寸均增大，冲击功均呈下降趋势。

如前所述，A、B 两炉钢的化学成分基本相同，由于冶炼工艺不同而造成 B 钢中夹杂物的数量、尺寸、类型均优于 A 钢，即 B 钢中的夹杂物数量多、尺寸小、类型适当，均会对 HAZ 韧性产生有益作用。

由于 B 钢在冶炼过程中控制合金添加顺序和添加时机，使钢中获得了数量远高于传统钢的氧化钛类夹杂物，且尺寸细小，与此同时，也使钢中的 TiN 数量增加数倍。这两种含 Ti 类夹杂物在抑制原 γ 晶粒粗化的同时，也促进 HAZ 区域形成大量 IAF，提高 HAZ 韧性。控制合金的添加顺序和添加时机，意味着对钢中夹杂物类型和尺寸及形态的控制。添加合金时钢液的温度与溶解氧含量有关，溶解氧含量与形成的含 Ti 复合夹杂物类型相关，钢中的 C、Si、Mn、Al、Ti 等元素在冶炼过程中均会影响氧含量，当然也包括 Ca 处理时对氧含量的影响。试验钢所用的化学成分，在工业生产的钢中常见的夹杂物多为 Al、Si 的氧化物，Mn、Ca 的氧化物或硫化物，Nb、V 的碳、氮化物，这些均可以和 Ti 类夹杂物组成复合夹杂物，其中只有一定类型的复合夹杂物才会抑制 γ 晶粒的长大并促进 IAF 的形核。由于 B 钢的夹杂物数量远高于 A 钢，使奥氏体晶粒在长大过程中受到强烈的钉扎作用，结果形成的奥氏体晶粒尺寸远小于 A 钢。再加上夹杂物对晶内组织的细化作用，使得采用新冶炼工艺的 B 钢大热输入焊接 HAZ 韧性远高于 A 钢。

2.3.1.4 峰值温度对组织性能的影响

实验材料选取新工艺冶炼的小炉钢，坯料化学成分如表 2-5 所示。

表 2-5 试验钢的化学成分（质量分数，%）

C	Si	Mn	P	S	Ti	O	N	其他合金元素
0.08	0.20	1.45	0.007	0.004	0.015	0.0035	0.0042	Mo + V + Al + Nb + Ni < 0.5

焊接热模拟结果如表2-6所示，金相组织如图2-16所示。由表2-6可见：在焊接热输入及$t_{8/5}$相同的情况下，随着峰值温度的升高，其-20℃的冲击功逐渐降低。表2-6中所用的钢板平均冲击功值为306J，经不同峰值温度的焊接热循环后，HAZ韧性均呈下降趋势，在峰值温度为1250℃时，平均冲击功为237J，比母材冲击功下降了69J，在峰值温度为1300℃时，平均冲击功为208J，约为母材的2/3；当峰值温度达到1350℃，冲击功约为母材的1/2，到1400℃时，冲击功约为母材的1/3。可见，在1350℃以上，虽然冲击功下降幅度较大，但仍然表现出良好的韧性。

表2-6 焊接热模拟结果

编 号	热输入/kJ·cm^{-1}	峰值温度/℃	停留时间/s	$t_{8/5}$/s	A_{KV}(-20℃)/J
1号	125	1250	1	215	231，254，227(237)
2号	125	1300	1	215	217，218，190(208)
3号	125	1350	1	215	163，138，182(161)
4号	125	1400	1	215	94，109，121(108)

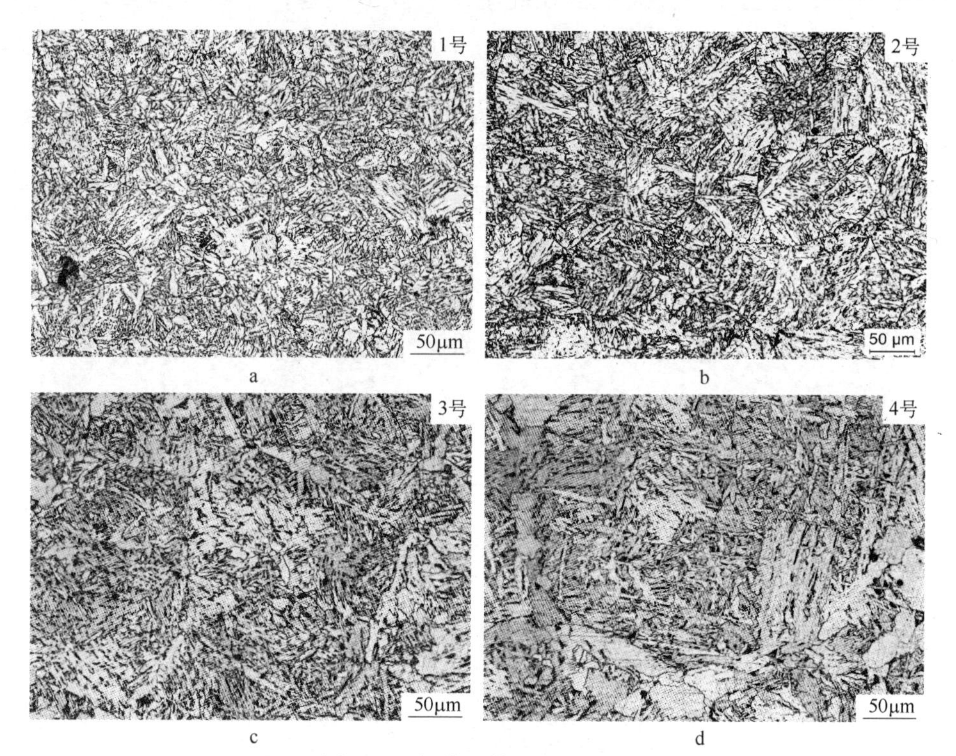

图2-16 焊接热模拟金相组织

a—1250℃；b—1300℃；c—1350℃；d—1400℃

由图2-16可见：随着峰值温度的逐渐增加，金相组织中的贝氏体含量减少，晶内铁素体含量增加且逐渐变成针状，晶界先共析铁素体从无到有并且尺寸增大。图中最明显的是原奥氏体晶粒尺寸逐渐增大，1号试样的原奥氏体晶粒平均尺寸约为50μm；2号试样为80μm；3号试样为180μm；4号试样为410μm。由此可见，当峰值温度为1300℃以下时，原奥氏体晶粒尺寸长大的趋势不明显；而当温度达到1350℃时，奥氏体晶粒开始明显长大；当温度达到1400℃时，奥氏体晶粒尺寸约为1350℃时的2倍以上。奥氏体晶粒尺寸的这种大幅度增加，是造成韧性下降的重要因素。

图2-17、图2-18分别是试验钢经1400℃、1300℃焊接热循环后，原奥氏体晶界及晶内钛的氧化物和氮化物及组织形貌。由图2-17、图2-18可见：这些夹杂物均有一定的形成铁素体能力，但由于加热温度不同，夹杂物的形貌有所不同。图2-17中的夹杂物经历1400℃的焊接热循环，其中的氮化钛类夹杂物A、B、C位于原奥氏体晶界处，D、E、F位于原奥氏体晶粒内，均已发生部分溶解，说明TiN类夹杂物在此温度下并不稳定；而氧化钛类夹杂物H位于奥氏体晶界，氧化钛类夹杂物G位于奥氏体晶粒内部，二者均未发生溶解现象，说明氧化钛类夹杂物在此温度下比较稳定。图2-18中的夹杂物经历1300℃的焊接热循环，其中氮化钛类夹杂物A和氧化钛类夹杂物B均位于原奥氏体晶界处，没有发生明显的溶解现象，且在晶界处形成铁素体。两图中还可以看出：位于奥氏体晶界处的氧化钛类夹杂物，比位于奥氏体晶界处的

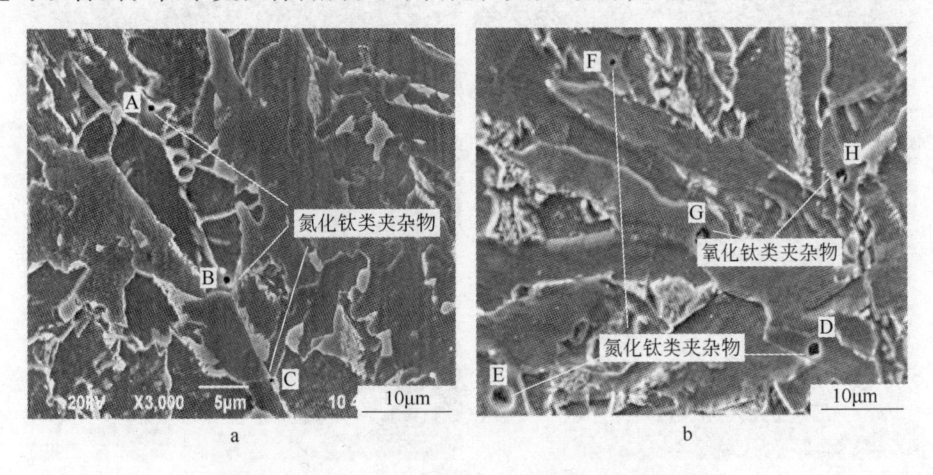

图2-17 在1400℃保温3s缓冷后钛化物的形貌

a—位于原奥氏体晶界处的氮化钛类夹杂物；b—原奥氏体晶界附近的氧化钛类夹杂物

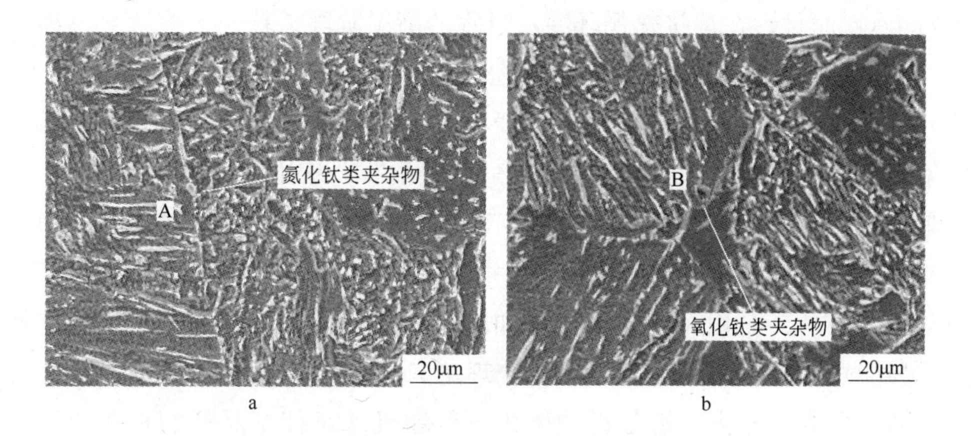

a　　　　　　　　b

图 2-18　在 1300℃保温 3s 缓冷后钛化物的形貌

a—原奥氏体晶界处的氮化钛类夹杂物；b—原奥氏体晶界处的氧化钛类夹杂物

氮化钛类夹杂物，能够使奥氏体晶界产生更大的变形（如图 2-17 中的夹杂物 H 和图 2-18 中的夹杂物 B），说明氧化钛类夹杂物抑制奥氏体晶界的长大作用更加显著。

已有的研究表明[70~75]：在大热输入焊接用钢中，抑制奥氏体晶粒的长大，通常采用 TiN 粒子的钉扎作用来细化 γ 晶粒尺寸。含微细 TiN 粒子数量越多，越能够有效抑制 γ 晶粒粗化，提高 HAZ 韧性。但是，钢中的 TiN 粒子在焊接热循环过程中，在温度达到 1200℃时就会开始部分溶解。在温度达到 1350℃时，溶解的体积分数约达 50%；当熔合线部位温度达到或超过 1400℃时，将会有绝大部分的 TiN 溶解，溶解的体积分数甚至能够达到 88%，并且，随着焊接热输入的增加，CGHAZ 区域的高温停留时间变长，TiN 的溶解将更加严重。在此过程中，钢板中较大尺寸的 TiN 因溶解而变小，较小尺寸的 TiN 因溶解而消失，造成钉扎作用的大幅度弱化，奥氏体晶粒将会快速长大。TiN 粒子的溶解是一个 TiN 分解及 Ti、N 在奥氏体中扩散的过程，TiN 的分解速度很快，而扩散速度较慢。由于焊接热循环的加热速度很快，若峰值温度的停留时间短，则会造成粒子分解后，来不及扩散，聚集在粒子周围，使粒子周围局部区域内的 Ti、N 固溶浓度积迅速增大，阻碍粒子的继续溶解。因此，在焊接热循环的加热阶段，粒子的溶解不可能达到平衡，也就不可能有粒子重新析出（不论是独立形核析出还是以残留的粒子为基体析出）。而且，在焊接热循环冷却过程的高温阶段，粒子的溶解会继续进行，使得奥氏体仍继续长大。当温度冷却到1300℃以下时，固溶状态的Ti会开始与一部分N结合，并沉淀在残存的TiN粒子上，造成粒子平均尺寸的增大。所以，一般多从固溶度积角度考虑TiN钉扎奥氏体晶粒的作用。文献［76］认为：TiN阻止晶界的移动，还可以从力的平衡角度考虑。TiN抑制奥氏体晶粒长大的力有两种，一种是TiN粒子和奥氏体晶界接触时，由于增大了晶界面积而使界面能增加产生的力；另一种是TiN和晶界接触使晶界能发生变化而产生的力。传统理论只关注了由于晶界面积的变化而产生的晶界能的变化，析出物的体积分数和尺寸对抑制晶粒的长大的作用是很显著的，如果在体积分数和尺寸一定的情况下，抑制晶粒的效果就会与析出物的种类没有关系，这显然是不成立的。在焊接热循环的前后，即钢板和HAZ区域的TiN粒子的数量和尺寸会发生变化，小尺寸的TiN粒子因溶解而消失，大尺寸的TiN粒子会发生聚集长大，这种聚集长大的过程也会遵循Ostwald长大机制。TiN长大的尺寸与长大时间的1/3次方成正比例关系，TiN的尺寸和分布的变化程度，对奥氏体晶粒长大的抑制效果会产生很大影响。

在实际大热输入焊接时，熔合线部位的温度可达1400℃以上，所以靠近熔合线的母材一侧，TiN会因溶解而弱化或失去钉扎作用，奥氏体将严重粗化。钢中的氧化钛粒子在1400℃的高温时不会发生溶解。若细小的氧化钛粒子分布在晶界处，则会在奥氏体长大的过程中发挥有效的钉扎作用，阻止奥氏体晶粒的过度粗化。因此，在钢板进行大热输入焊接时，在靠近熔合线、温度达到或超过1400℃区域内，抑制原奥氏体晶粒粗化的主要因素是足够数量氧化钛类夹杂物的存在。在远离熔合线、温度在1300℃以下的区域内，TiN仍会有效发挥其钉扎作用。当然，在此温度下，氧化钛类夹杂物也会共同发挥其钉扎奥氏体晶界的作用。钢中的TiN和氧化钛数量越多，则钉扎奥氏体晶粒的作用越明显。因此，在全部HAZ区域内，是TiN和氧化钛的共同作用来抑制原奥氏体晶粒的长大。本实验结果表明：在峰值温度为1250℃、1300℃、1350℃、1400℃时，原奥氏体晶粒尺寸增加显著，分别对应于50μm、80μm、180μm、410μm，可见焊接热模拟选取的峰值温度会对夹杂物抑制奥氏体晶粒粗化的效果产生重要影响。所以，采用焊接热模拟方法来研究大热输入焊接用钢的 HAZ 韧性时，应选取 1400℃或高于 1400℃的峰值温度，才能够真实地评价 HAZ 韧性。

2.3.1.5 小结

在化学成分相同的情况下，通过调整冶炼工艺的 B 钢与传统工艺冶炼的 A 钢夹杂物和大热输入焊接性能的对比，得出以下结论：

（1）采用新冶炼工艺的 B 钢，小尺寸夹杂物数量为 A 钢的 3～5 倍左右，大尺寸夹杂物数量也少于 A 钢，B 钢中大量夹杂物钉扎奥氏体晶粒长大的作用明显，奥氏体晶粒尺寸小于 A 钢。

（2）新冶炼工艺的 B 钢，夹杂物中多含 Ti 的氮化物或氧化物，并同时含有 MnS，而 A 钢中极少有此类型的夹杂物。

（3）两种冶炼工艺的 A、B 钢板，经相同的大热输入焊接热循环后，B 钢的冲击韧性远高于 A 钢。B 钢试样的金相组织为大量的晶内针状铁素体，原奥氏体晶粒尺寸细小，晶界先共析铁素体为多边形块状；而 A 钢的晶内组织均为粗大的侧板条铁素体、大块状的粒状贝氏体及部分魏氏组织，原奥氏体晶粒粗大，晶界的先共析铁素体呈板片状。

（4）随着峰值温度的增加，HAZ 区域原奥氏体晶粒尺寸增大。在 1300℃以上靠近熔合线部位，TiN 因溶解而失去钉扎奥氏体晶粒的作用，具有更高熔点的氧化物夹杂会抑制奥氏体晶粒的长大；在 1300℃以下区域，TiN 钉扎奥氏体晶粒的作用显著，且与氧化物夹杂共同抑制奥氏体晶粒的长大。

2.3.2 镁添加钢的基础研究

由于镁是大热输入焊接用钢添加的比较有效的合金元素之一，是一种强脱氧剂元素，钢中的氧化镁是一种很有效的细化大热输入焊接 HAZ 组织的夹杂物，但是由于镁的沸点低，在 1600℃以上的高温钢液中蒸汽压很高，很难使 Mg 加入到钢液中。因此众多学者对 Mg 的添加方法进行大量研究[77～79]。目前，日本的新日铁已经成功将镁脱氧技术运用在其 HTUFF 技术中。而我国有关镁脱氧技术仍然处在实验室研究阶段，主要是由于加入方法有待改进和提高。

在含 Al 钢中添加 Mg 合金会形成 MgO 或 $MgO \cdot Al_2O_3$ 尖晶石，虽然二者同为高熔点夹杂物，但其细化 HAZ 组织的作用显著不同。实验室小炉钢冶炼过程中，A 钢采用传统工艺冶炼，B 钢采用新工艺添加 Mg 元素。两炉钢的基本化学成分相同（质量分数,%）为：C，0.09；Si，0.20；Mn，1.50；P，0.008；S，0.005；Ti，0.015。采用相同的 TMCP 工艺轧制成相同厚度的钢板。考察大热输入焊接性能并进行夹杂物检测分析，实验结果如下。

2.3.2.1　冶炼工艺对夹杂物类型及尺寸的影响

通过对两种钢板的抛光样中的夹杂物扫描、冲击断口中夹杂物扫描、轧态试样的透射电镜观察等手段，确认 A 钢中尺寸小于 5μm 的夹杂物多以 O、Mg、Al、S、Ca 五种元素组成，如图 2-19a 所示；或者是其中的 O、Mg、Al 三种元素组成，如图 2-19b 所示。几乎难以见到夹杂物中存在 Ti 及 Mn 元素，

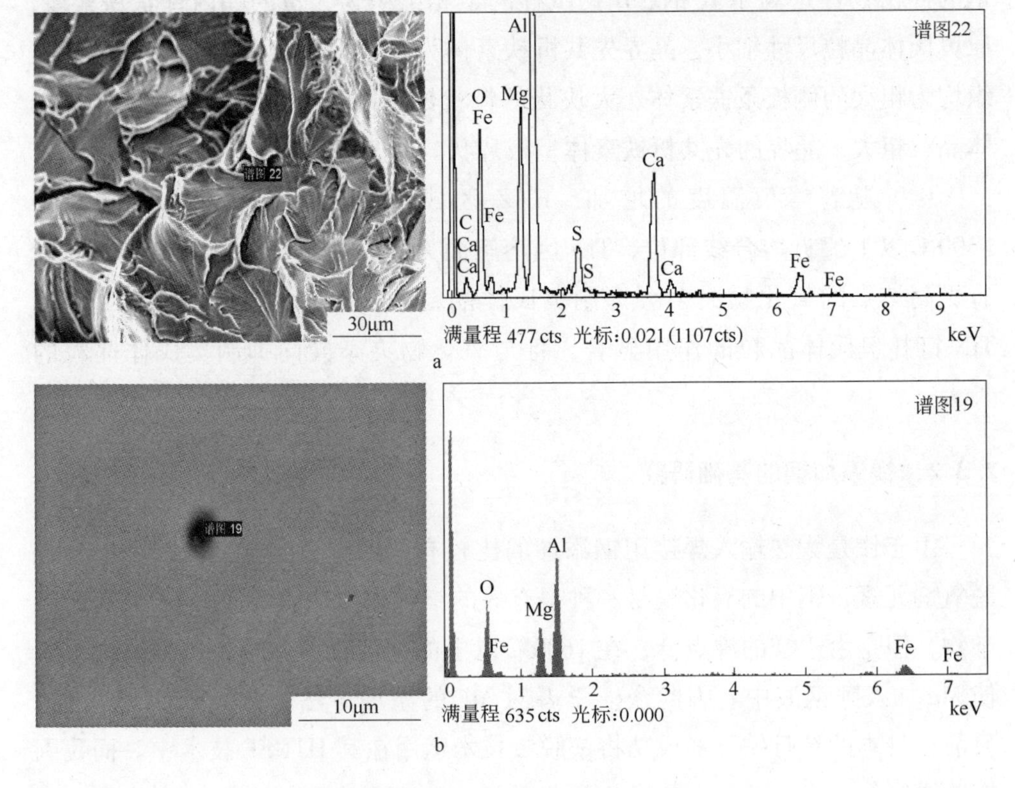

图 2-19　A 钢尺寸小于 5μm 夹杂物 SEM 结果

a—A 钢冲击断口夹杂物；b—A 钢抛光样夹杂物

只有在尺寸大于5μm甚至10μm的大尺寸夹杂物中可能检测到Ti或Mn元素的存在，如图2-20、图2-21所示。

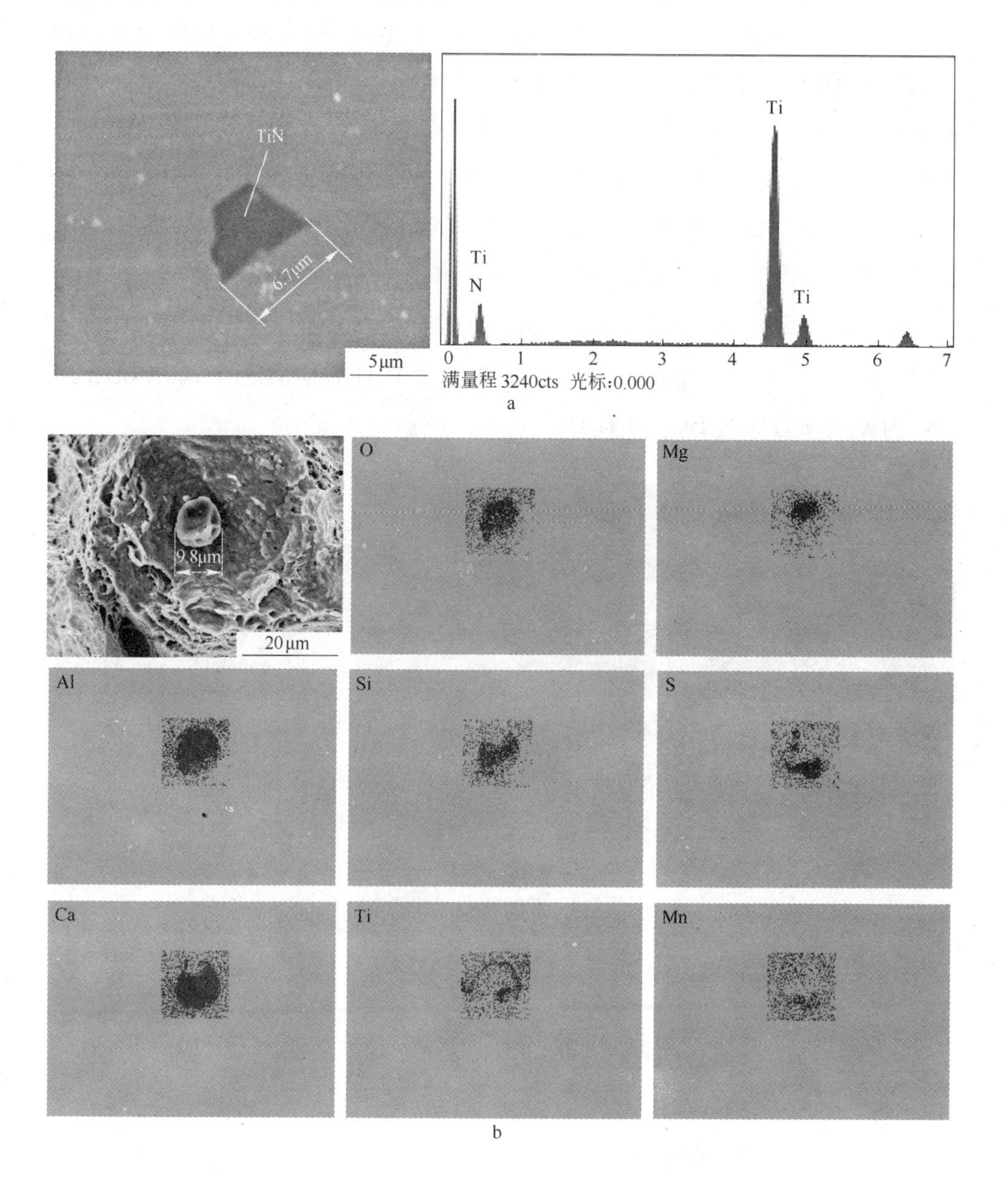

图2-20 A钢尺寸大于5μm夹杂物SEM结果

a—A钢大尺寸TiN与能谱；b—A钢冲击断口夹杂物与面扫描图

图2-19a、b中的夹杂物在采用多点扫描的情况下仍未能检测出Ti或Mn，

可以确认夹杂物中不含这两种元素；图 2-20a 中的夹杂物为单独存在的 TiN，棱长为 6.7μm；图 2-20b 中的夹杂物尺寸为 9.8μm，由面扫描结果可以清晰地看出夹杂物的结构组成，即：夹杂物心部为 $MgO-Al_2O_3-SiO_2-CaO$ 组成，外侧由 TiO_x 和 MnS 组成。图 2-21 中夹杂物尺寸为 16.5μm，面扫描结果显示其主要由 $Al_2O_3-SiO_2-MgO-CaO$ 组成，只在夹杂物周围存在少量的 TiO_x 和 MnS。文献［80］认为：当 Ti 含量由 20×10^{-6} 增加到 110×10^{-6} 时，钢中的氧化物的平衡相由 $MnSiO_3$ 转变为 Mn_2TiO_4 和 $MnTiO_3$，当钢中的 Ti 含量超过 60×10^{-6} 时，转变为 Ti_2O_3。文献［81］认为：当 Ti 含量由 20×10^{-6} 增加到 110×10^{-6} 时，钢中的氧化物的平衡相由 $MnSiO_3$ 转变为 Mn_2TiO_4，当钢中的 Ti 含量超过 100×10^{-6} 时，转变为 Ti_2O_3。由于本实验中的 Ti 含量为 150×10^{-6}，可以认为夹杂物边部的 TiO_x 为 Ti_2O_3。

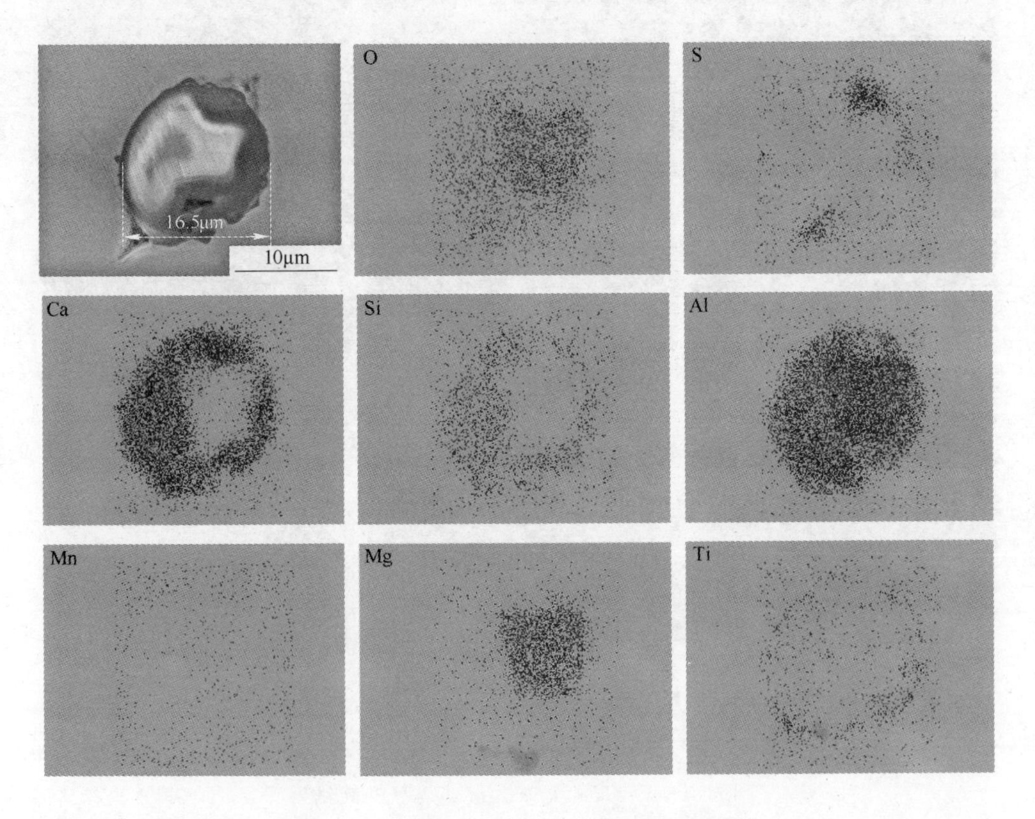

图 2-21　A 钢尺寸大于 10μm 夹杂物 SEM 结果

Ti_2O_3 虽然能够在 HAZ 区域因形成贫锰区而促进晶内铁素体形核[82]，但

对含 Ti_2O_3 的复合夹杂物尺寸是有范围限定的，文献［83］认为：钢中存在尺寸大于5μm 的夹杂物不会形成晶内铁素体，甚至会成为微裂纹源，降低 HAZ 韧性。所以，A 钢中的大量大尺寸夹杂物对 HAZ 韧性会产生不利影响。对于小尺寸夹杂物，文献［84，85］认为：钢中的 MnS 微细分散析出，才能够对 IGF 形核有利。文献［86］认为：钢中的$(Mn,Ti_2)O_3$对形成晶内铁素体有利。可见：钢中的 Ti 化物和 MnS 的类型和尺寸及分布状态均会影响 HAZ 韧性。A 钢中以上列举的小尺寸夹杂物类型，由于不含氧化钛和 MnS，所以不会促进针状铁素体的形核，对 HAZ 韧性不会产生积极作用。

B 钢中的夹杂物尺寸多为 5μm 以下，且 1～5μm 之间的夹杂物多为如图 2-22a、b 所示的两种类型。一种类型含 $MgO-Al_2O_3$，如图 2-22a 所示。其特点是以 Mg-Al 尖晶石为核心，$CaO-SiO_2-Al_2O_3$ 依附或包覆其上，最外侧为 Ti_2O_3 与 MnS；另一种为不含 Mg 的夹杂物，如图 2-22b 所示。其特点是以 Al_2O_3-CaO 为核心，其外侧为 Ti_2O_3 和 MnS。我们知道，钢中的 MgO、CaO、Al_2O_3 均为高熔点粒子，其熔点均超过 2000℃，在钢液中会成为不均匀形核的核心。冶炼过程中形成的一次夹杂物和冷却过程中析出的二次夹杂

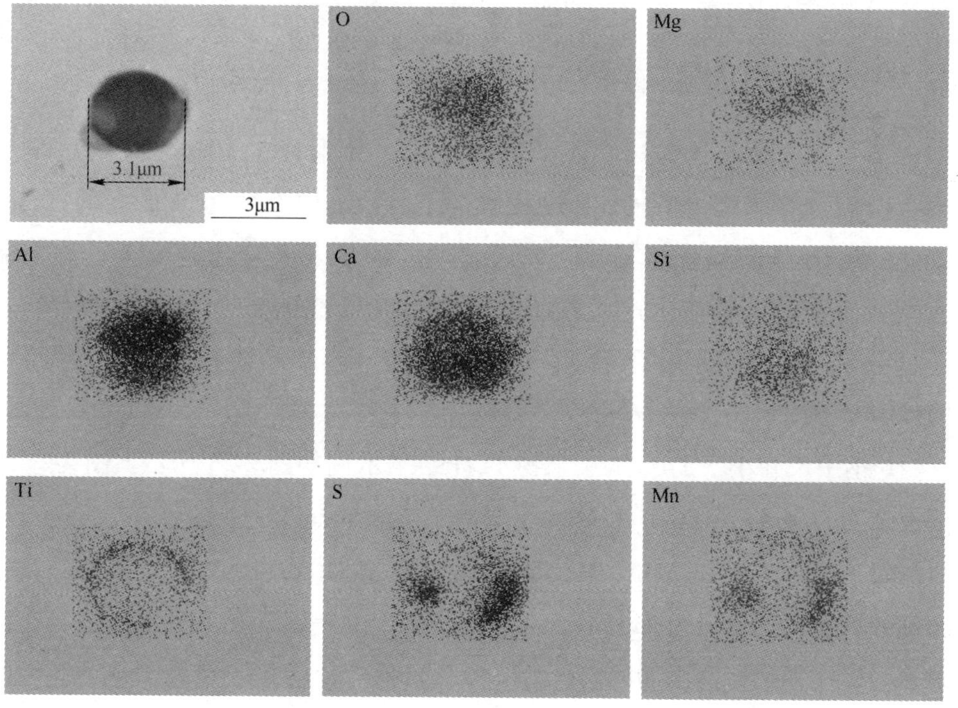

a

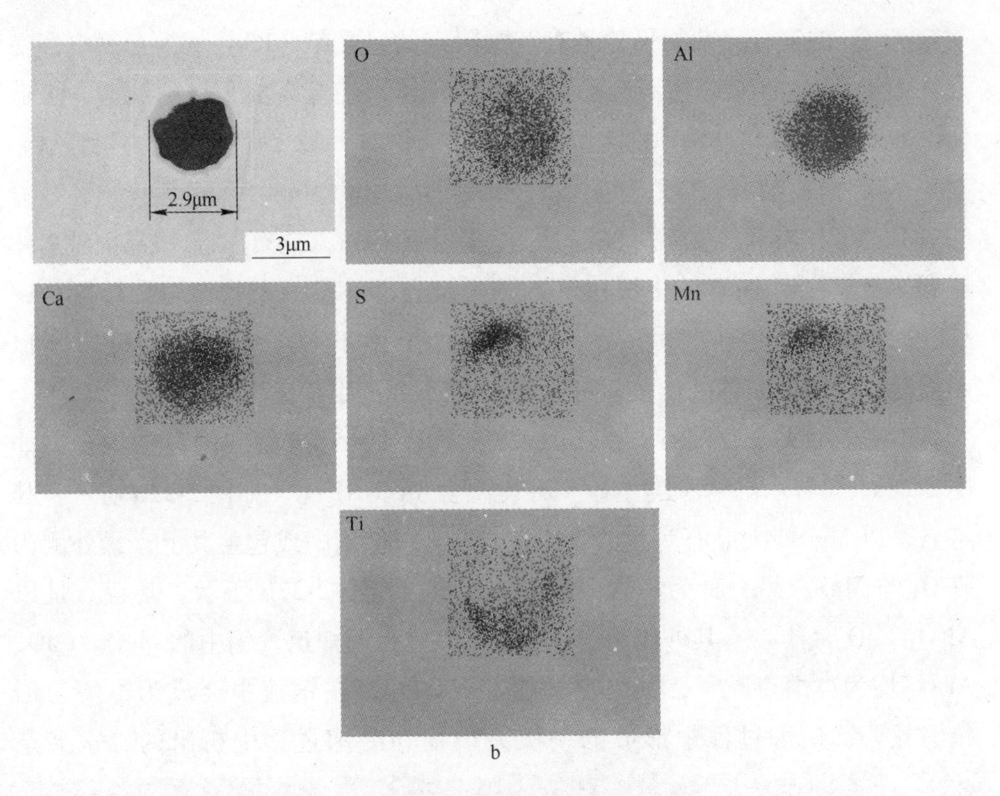

图 2-22 B 钢中典型夹杂物 SEM 结果

a—含镁铝尖晶石的夹杂物；b—不含镁铝尖晶石的夹杂物

物，多会以这类粒子为核心而依附或析出，使形成的复合夹杂物呈聚集长大趋势。如果考虑到其他过程相同的情况下，钢液中原有的 MgO、CaO、Al_2O_3 等粒子越粗大，则在后续形成的复合夹杂物越粗大；如果能够控制冶炼工艺而细化这些粒子，则在后续形成的复合夹杂物尺寸就不会过分长大。控制氧化物粒子的细小达到纳米级尺寸，也是日本“HTUFF” 技术的关键。

B 钢中尺寸小于 1μm 的夹杂物 TEM 结果示例如图 2-23 所示。图 2-23 中的夹杂物为 $MgO-Al_2O_3-TiO_x-MnS$ 类型，尺寸为 60nm。

对于图 2-23 中的 $MgAl_2O_4$，是由 MgO 和 Al_2O_3 形成的镁铝尖晶石，具有很高的熔点，其熔点为 2135℃。一般地，钢中的镁铝尖晶石的来源主要有两种途径。一种是特意添加的镁，另一种是目前广泛应用于精炼钢包中使用的耐火浇注料。由于精炼温度将近 1700℃，精炼时间较长，熔渣中的碱性渣会

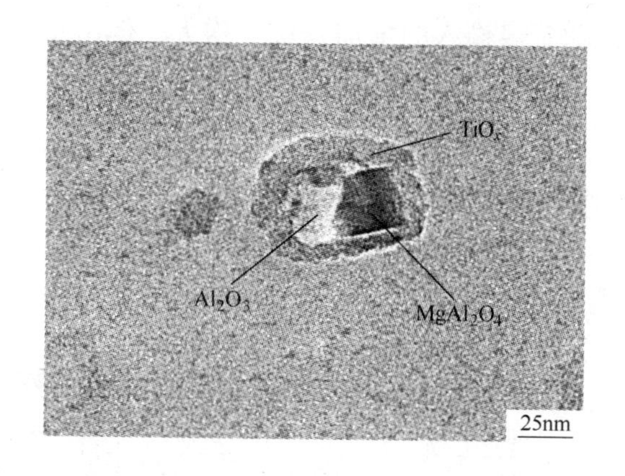

图 2-23 B 钢中小尺寸夹杂物 TEM 像

对钢包中的耐火浇注料产生严重侵蚀；钢包底部的吹氩使钢液上下激烈翻腾，冲刷钢包内衬；间歇性操作，频繁经受冷热变化等多个因素，会使钢包内的耐火浇注料产生损毁而进入钢液中，使钢液中存在不同数量及不同尺寸的镁铝尖晶石。在随后的冷却过程中，这些镁铝尖晶石会成为夹杂物的形核质点，其上依附或包覆 Al、Mn、Ti 等其他化合物，在大热输入焊接过程中会促进铁素体形核，有益于提高 HAZ 韧性。但是这种镁铝尖晶石的来源控制非常困难，目前虽有减轻钢包内衬结构剥落和热剥落的方法，但还没有得到有效的控制。

2.3.2.2 含镁钢的大热输入焊接性能

试验钢在不同焊接热输入条件下的试验结果如表 2-7 所示。由表 2-7 可见：试验钢在热输入为 120kJ/cm（$t_{8/5}$ = 199s）、1400℃保温 3s 的情况下，平均冲击功仍大于母材的 2/3（母材平均冲击功为 295J）；在热输入为 500kJ/cm（$t_{8/5}$ = 550s）、1400℃保温 3s 的情况下，平均冲击功约为母材的 3/5；而热输入为 800kJ/cm（$t_{8/5}$ = 730s）、1400℃ 保温 30s 的情况下，平均冲击功与 500kJ/cm 相当。其金相组织如图 2-24 所示。由图 2-24 可见：在三种热输入条件下，原 γ 平均晶粒尺寸随着焊接热输入的增加逐渐增大，分别对应于热输入的 γ 尺寸为图 2-24a 220μm、图 2-24b 340μm、图 2-24c 510μm。三种热输入条件下的金相组织均由块状的晶界铁素体（GBF）、晶内多边形铁素体（IPF）、晶内针状铁素体（IAF）组成，无板条贝氏体和粒状贝氏体组织。其中，GBF 单个晶粒随着热输入的增加，尺寸增大，但由于γ晶粒尺寸的增大，分布在γ晶界处的 GBF 总的个数减少，总的 GBF 晶粒面积变化不大。IPF 的单个晶粒尺寸也随热输入的增加而增大，且数量有所增加，总体积分数增加。IAF 的总体积分数随热输入的增加而减少，但长宽比增大。

表 2-7 焊接热模拟结果

热输入/kJ·cm^{-1}	峰值温度/℃	停留时间/s	$t_{8/5}$/s	A_{KV}(-20℃)/J
120	1400	3	199	263，198，214(225)
500	1400	5	550	163，170，203(179)
800	1400	30	730	185，196，167(183)

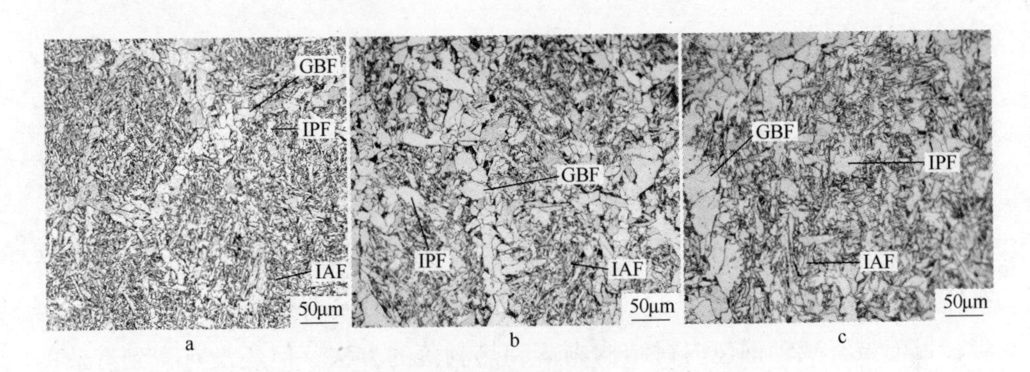

图 2-24 不同焊接热输入的金相组织

a—120kJ/cm；b—500kJ/cm；c—800kJ/cm

对于γ晶内组织，通常所说的晶内铁素体 IGF，可以按照其形态分为晶内针状铁素体（IAF）和晶内多边形铁素体（IPF），二者的宏观区别主要是铁素体的长宽比不同，即把长宽比≥3∶1 的 IGF 称为 IAF，长宽比<3∶1 的 IGF 称为 IPF。IPF 的形成温度略低于 IAF 的形成温度，是在 IAF 形核以后的长大过程中形成，以多边形的小块状存在于γ晶粒内部，和晶内形成的贝氏体相比，具有良好的韧性。IAF 和 IPF 相比，晶粒内具有高密度位错，微裂纹解理跨越 IAF 时会发生偏转，消耗更高的能量，表现出良好的冲击韧性。在 HAZ 区域，IAF 多以夹杂物为核形成，呈交叉互锁状，相互之间多为大角度晶界。随着热输入的增加，HAZ 冷却速度较小，IAF 会以夹杂物为核心呈放射状长大而伸长，长宽比有所增加。IAF 的数量越多，微解理裂纹在跨越或发生偏转时就会消耗越高的能量。如果钢中不存在适合 IAF 形核的夹杂物，

即使 HAZ 冷速很小，IAF 也不会在夹杂物上形核。以夹杂物为核形成 IAF 是大热输入焊接用钢的典型特征。

通过在钢中的微细夹杂物作为非均匀形核质点来形成晶内铁素体，这种方法一直被用来细化焊接热影响区的组织，以改善其韧性。要充分细化 HAZ 组织，首先母材中要有合适种类和大小的夹杂物和/或析出物，以促进针状铁素体的形成。而且过冷度和冷却速度等对于母材、HAZ 及焊缝中针状铁素体的形态和长大也会产生重要影响。针状铁素体在相变初期伸长很快，待针状铁素体伸长到相互碰撞后而表现为逐渐展宽。因此，在适当的条件下得到类型、大小、数量和分布合适的夹杂物，可促进针状铁素体的形成，不仅能够提高 HAZ 韧性，还可以有效细化低合金钢高强度钢的组织，对钢板的强韧性会产生有利影响。因此，控制夹杂物会对钢板及 HAZ 产生双重有利作用，也是大热输入焊接用钢的生产技术难点。

图 2-25 为相同化学成分、相同力学性能的传统钢在热输入为 100kJ/cm、峰值温度为 1400℃ 的情况下的金相组织示例，其 -20℃ 冲击功值仅达到个位数，即均小于 10J。

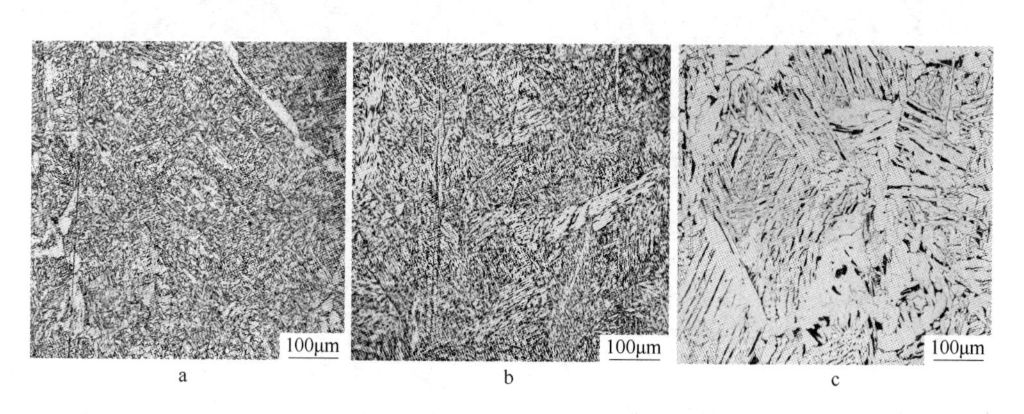

图 2-25　传统钢大热输入焊接热模拟组织

a—原 γ 晶粒尺寸 800μm；b—原 γ 晶粒尺寸 1.2mm；c—粗大的晶界铁素体与晶内贝氏体

图 2-25 中可以看出，其焊接热影响区组织产生了严重粗化，有的原奥氏体晶粒会长大到 1mm 或 1mm 以上，如图 2-25a、b 所示；有的原奥氏体晶粒尺寸不大却产生粗大的先共析铁素体及贝氏体甚至魏氏组织，如图 2-25c 所示。因此，在母材力学性能基本相同的情况下，焊接热影响区的韧性会产生

很大的不同。其影响因素牵涉多个方面：如原奥氏体晶粒尺寸的大小、原奥氏体晶界的先共析铁素体的形态与尺寸、奥氏体晶内组织的类型与尺寸及数量等，均是影响 HAZ 韧性的重要因素。

图 2-26 为传统钢与试验钢焊接热模拟冲击断口裂纹扩展传播途径情况的对比。从图 2-26a 中明显看到：传统钢的 HAZ 组织为发达的板条贝氏体或粒状贝氏体，在原 γ 晶界处无先共析铁素体，在此处的裂纹则呈直线型一直沿 γ 晶界延伸，而横穿晶内贝氏体的裂纹途径也几乎为一直线，到达晶界后沿晶界传播，只是在遇到较小的 γ 晶粒时会改变方向，此种情况显示出了裂纹在传播过程中受到的阻力小，宏观表现为冲击功的低值。图 2-26b 中的试验钢由于晶内存在大量的针状铁素体，裂纹在达到针状铁素体时，不能直接穿过而发生了多次偏转，这一过程需要消耗较高能量，宏观表现为良好的冲击韧性。

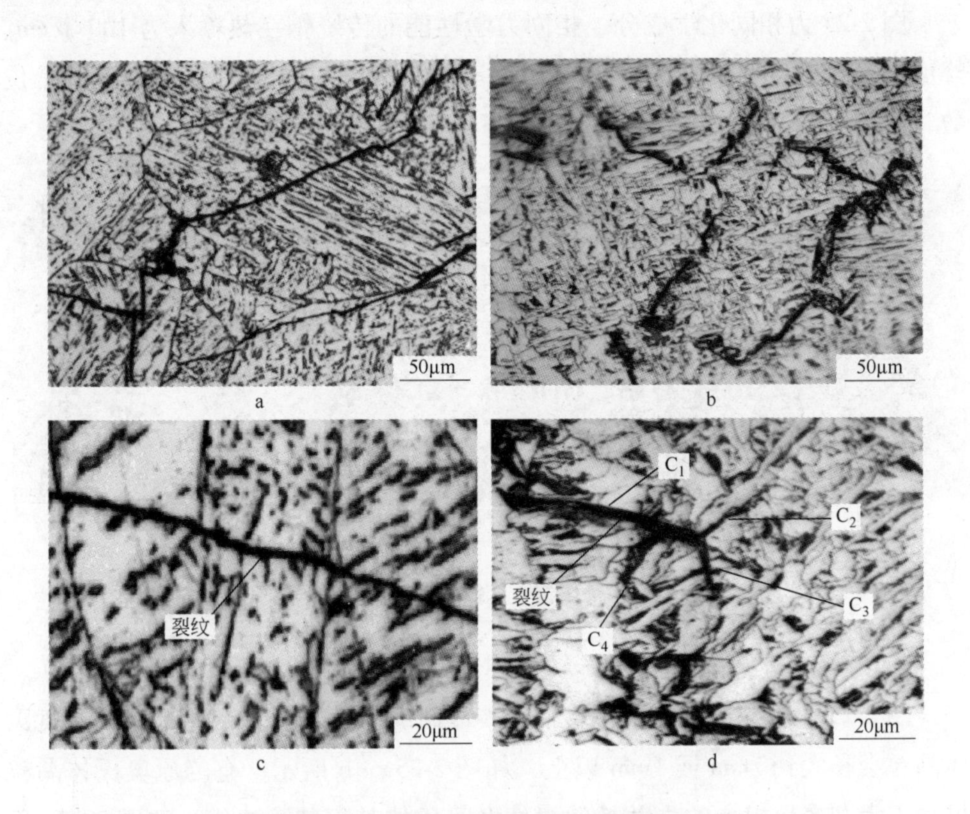

图 2-26 HAZ 晶内组织抵抗裂纹传播形貌对比

a，c—传统钢；b，d—试验钢

图 2-26c、d 为传统钢和试验钢更为清晰的裂纹传播形貌。图 2-26c 的传统钢裂纹横穿晶内贝氏体组织几乎呈一条直线，表现出很弱的抵抗裂纹传播能力；图 2-26d 的试验钢由于组织中存在大量 IAF，裂纹在达到 IAF 时，传播方向发生改变，如图 2-26d 中裂纹 C_1 在进入 γ 晶粒内部遇到 IAF 后，在可视平面内产生了三个更为细小的分支 C_2、C_3、C_4，这三个细小微裂纹的宽度减小，或沿 IAF 边界传播（如 C_2）；或横穿 IAF 晶粒（如 C_3）；或绕过 IAF 晶粒（如 C_4）。这一变化过程中，C_2、C_3、C_4 分解了主裂纹 C_1 的应力，在随后的各自扩展中，应力集中程度均会小于 C_1，使微裂纹的传播能力减弱，宏观表现出良好的冲击韧性。

本实验用钢由于采用夹杂物控制技术，使夹杂物的类型、尺寸、数量达到较好的均衡。在热输入从 120kJ/cm 增至 800kJ/cm 的条件下，奥氏体晶粒逐渐增大到 510μm，其冲击韧性应该明显下降，但是，由于晶界与晶内的铁素体形态及数量受夹杂物的影响，变得有利于韧性的提高，弥补了因奥氏体晶粒的长大而损失的韧性，故宏观表现出仍具有良好的冲击韧性。

2.3.2.3 夹杂物对 γ 晶界组织的影响

焊接热模拟结果如表 2-8 所示，其金相组织如图 2-27 所示。由表 2-8 可见：试验钢在给定的参数条件下，均表现出良好的冲击韧性。图 2-27 中的金相组织主要由块状先共析铁素体（GBF）和晶内铁素体组成（IGF），局部存在极少量贝氏体（Bu）。随着焊接热输入的增加，原奥氏体晶粒逐渐增大；块状的晶界先共析铁素体逐渐长大；晶内多边形铁素体（IPF）数量逐渐增多，面积分数增加；晶内针状铁素体（IAF）数量有所减少，长宽比增加。

表 2-8 焊接热模拟结果

热输入/kJ·cm^{-1}	峰值温度/℃	停留时间/s	$t_{8/5}$/s	A_{KV}(−20℃)/J
100	1400	3	138	181，177，273(210)
120	1400	3	199	263，198，214(225)
140	1400	3	269	265，208，217(183)
400	1400	3	326	174，152，183(170)
500	1400	3	550	164，170，153(162)
800	1400	30	730	202，185，166(184)

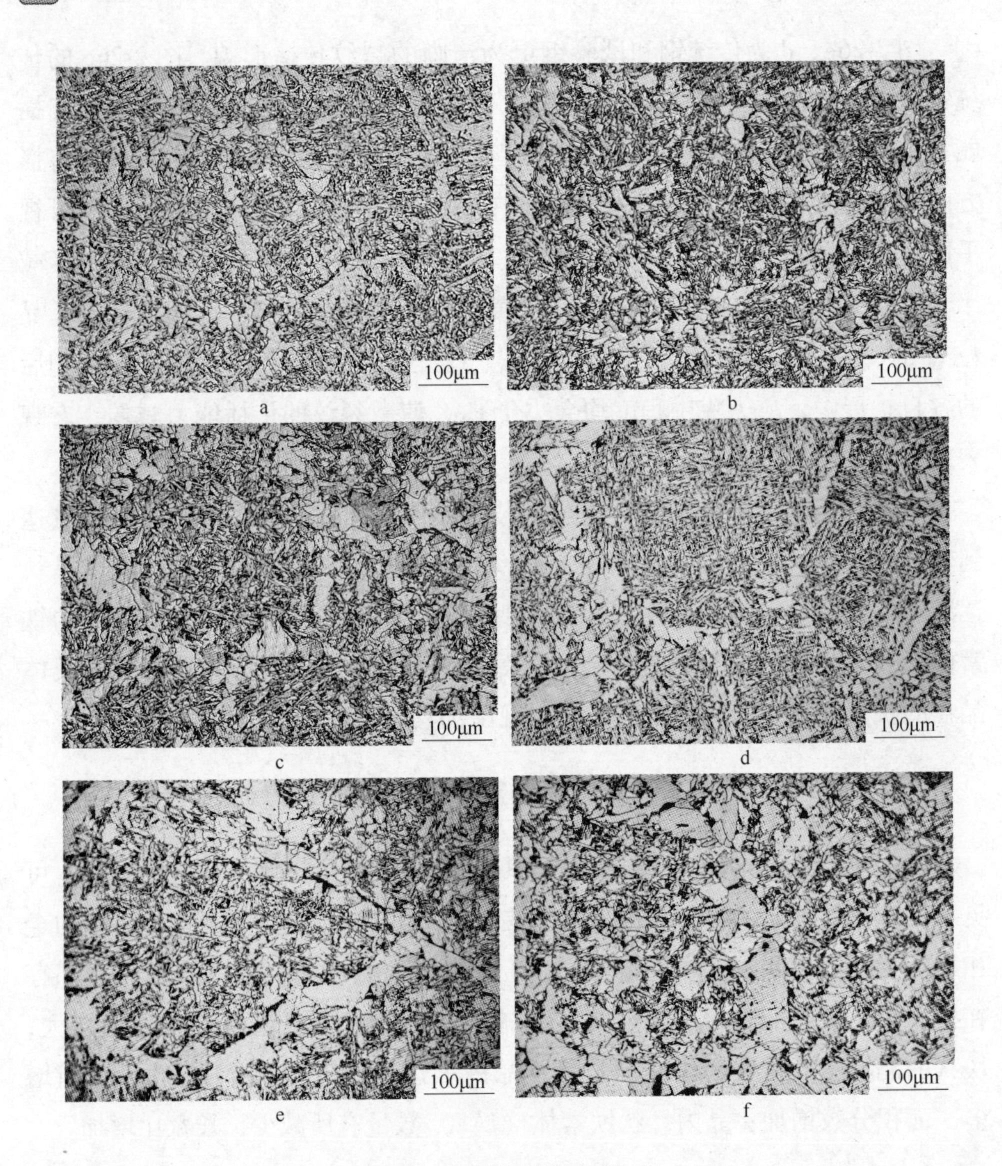

图 2-27 焊接热模拟金相组织

a—100kJ/cm；b—120kJ/cm；c—140kJ/cm；d—400kJ/cm；e—500kJ/cm；f—800kJ/cm

图 2-28 所示的是位于 γ 晶界处的三种类型夹杂物形核能力形貌。图2-28a 中的两个夹杂物均是 TiN-MnS 复合夹杂物，夹杂物 A 的尺寸为 520nm，夹杂物 B 的尺寸为 600nm，均位于 GBF 晶粒内，没有形成铁素体。图 2-28b 中的两个夹杂物均为氧化钛类夹杂物，其中夹杂物 C 为 Ti_2O_3-MnS 型复合夹杂物，尺寸为 450nm，位于 GBF 晶粒内，以此夹杂物为核心形成了一个近于椭圆形

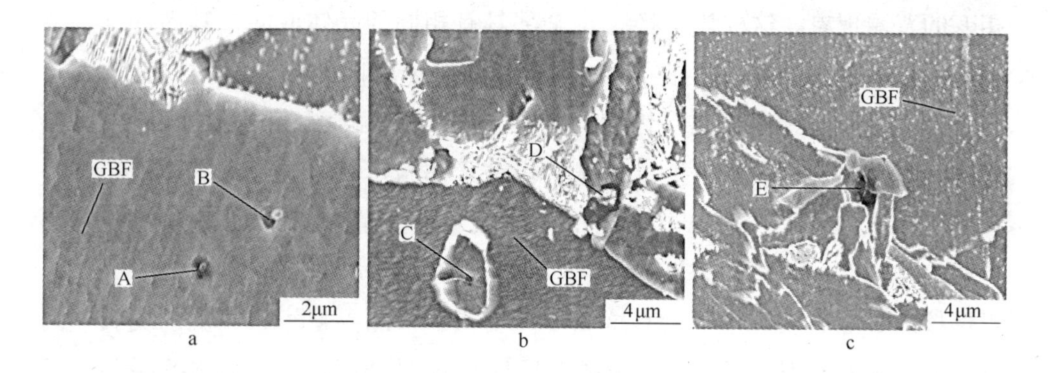

图 2-28 γ 晶界处的夹杂物与组织形貌

a—TiN-MnS 复合夹杂物；b—氧化钛类夹杂物；c—MgO-Al_2O_3-TiN-Ti_2O_3-MnS 复合夹杂物

的多边形铁素体，仍包含在 GBF 晶粒内；夹杂物 D 是以 MgO · Al_2O_3 尖晶石为中心，其外包含 Ti_2O_3-MnS 的复合夹杂物，尺寸为 1.5μm，以此夹杂物为核心形成了两个铁素体，其中一个向 γ 晶内生长，呈现典型的 IAF 形态，另一个向 γ 晶界生长并止于晶界。图 2-28c 中的夹杂物 E 为 MgO · Al_2O_3 尖晶石为核心，其外侧为 TiN-Ti_2O_3-MnS 的复合夹杂物，尺寸为 1.9μm，以此夹杂物为核向 γ 晶粒内生成 4 个 IAF，GBF 在长大到夹杂物时，因受到阻碍而发生了晶界弯曲，并没有将夹杂物包覆在 GBF 晶粒内。

大热输入焊接研究的重点是如何促进 IAF 的形核与长大，而控制 GBF 组织的尺寸与形貌也是大热输入焊接用钢研究的重点。GBF 是奥氏体在温度降低时首先在晶界处形核和长大的先共析铁素体，分布在原 γ 晶界，在大热输入焊接 HAZ 区域，原 γ 晶界生成的 GBF 多呈现两种不同的形态：（1）整块薄片状的 GBF 板条，多布满整个 γ 晶界；（2）多边形的小块状 GBF，以连续排列形态沿 γ 晶界分布。有研究表明[87]：在大热输入条件下，GBF 因 γ 晶粒的粗大，在晶界几乎呈直线状态沿晶界分布。这种以直线状态分布的 GBF 多呈整块的片状或板条状，造成其与相邻组织形成薄弱区域，这种薄弱区域会因 GBF 板条的形状而呈现，裂纹常会沿板条状 GBF 边界的薄弱区传播，此种形式的传播需克服的阻力最小，裂纹也会在此范围内呈一直线形状扩展。

GBF 在奥氏体晶界的形态与奥氏体化温度有关，即在相同的相变温度下，奥氏体化温度越高，奥氏体晶粒越粗大，在 γ→α 相变的过程中，越容易形成片膜状，如果某些特殊合金元素添加到钢中就不会出现这种情况，这是 γ→α

相变的普遍现象。这种片膜状的α全部具有相同的晶体取向，其内部存在亚晶界。如果在一个奥氏体晶界上，具有不同晶体取向的α形核时，就会各自独立长大；如果具有相同晶体取向的α形核时，就会由于长大而发生合并，最终形成片膜状。碳钢中生成的先共析铁素体与母相γ之间具有 Kurdjumov-Sachs（K-S）关系，γ→α相变时的K-S关系的变量有24种，如果考虑到晶界两侧的γ，α在晶界形核时具有K-S关系的变量就会达到48种[88,89]。在晶界形核的α相，实际上不会有这么多种变量，当晶界粒子和一侧的奥氏体因符合K-S关系而形核后，另一侧的奥氏体与α只会符合特定的K-S关系，一般只有和母相错配度最好的K-S关系会优先形核。另外，先共析铁素体的形态与γ界面的形状变化紧密相关，如果奥氏体晶界平滑，具有单一变量的α优先形核，其结果会形成片膜状GBF；如果奥氏体晶界弯曲，具有不同变量的α形成的数量多，最终会形成块状GBF。本实验钢中观察到位于晶界处的夹杂物，由于钉扎作用能够使奥氏体晶界发生变形，所以奥氏体晶界不会产生平滑的状态，晶界铁素体也就会以块状形态形核、长大（见图2-27）。

在HAZ的降温过程中，GBF的形成不仅与合金种类、奥氏体化温度和冷却速度有关，还与钢中的Ti氧化物的存在有关。直径300nm以下的夹杂物与母相间具有结晶位相关系，这种尺寸的夹杂物数量越多，形成GBF的数量越多。且因夹杂物周围形成的贫锰区，使晶界结构产生变化，GBF会以γ晶界为起点形核。形核后的GBF长大是一种长程扩散的相变，其长大速度与冷却速度有关。GBF的长大还与碳在相变界面浓度的过饱和度有关。而夹杂物能够产生贫碳区的现象，也使晶界处夹杂物周围C浓度发生改变。受此条件的影响，晶界处直径稍大的夹杂物会先形成GBF，在其附近的小尺寸夹杂物形核会滞后，会使在大夹杂物上长大的GBF包围住小尺寸夹杂物，所以，大尺寸夹杂物能够抑制GBF的长大速度。在后续的温度降低过程中，小尺寸夹杂物才会形成GBF，分割GBF并使其数量增加。

钢中的夹杂物常见的有TiN和氧化钛类夹杂物。关于TiN的钉扎作用，会由于在HAZ高温区域因溶解而出现弱化的现象，日本早在20世纪70、80年代就对钢中TiN的溶解与再析出的现象做了大量实验与分析，对其规律已经取得了一致认识：如果分布在γ晶界处的TiN夹杂物，在1400℃的高温阶段溶解，则会大幅度弱化GBF的形核作用，而氧化钛类夹杂物的熔点要高于

1400℃，在熔合线处的高温区域仍然能够保持稳定，在此温度下，在原奥氏体晶界处的尺寸小于 300nm 的高熔点氧化钛类夹杂物才会对 GBF 形核起作用，而尺寸大于 400nm 的较大尺寸氧化钛类夹杂物在 γ 晶界处会阻碍 GBF 的长大（见图 2-28）。GBF 的形成温度约 700℃，IAF 的形核温度约 640℃，因此，在 IAF 形核之前，GBF 已经开始形核长大。随着焊接热输入的增加，奥氏体晶粒逐渐长大。当温度降到 700℃左右，在晶界首先形成 GBF，由于冷却速度的逐渐减小，GBF 的长大时间也逐渐延长，容易变得粗大。但由于受到大量高熔点夹杂物的阻碍作用，使 GBF 长大的速度缓慢。当温度降到 IAF 形核温度时，IAF 迅速在晶内夹杂物上形核，并有较多时间充分长大，形成更加发达的长宽比形貌。而距离 γ 晶界较近的 IAF 一旦接触到 GBF，就会阻碍 GBF 的进一步长大。综上所述：正是由于试验钢中的高熔点氧化钛类夹杂物的密度大，才会形成如图 2-27 所示的 GBF 组织。这种以小块状多边形铁素体排列在 γ 晶界的 GBF，对 HAZ 的韧性会产生积极的影响。

2.3.2.4 夹杂物对 γ 晶内组织的影响

图 2-29 是位于 γ 晶粒内部的三种类型夹杂物形核形貌。

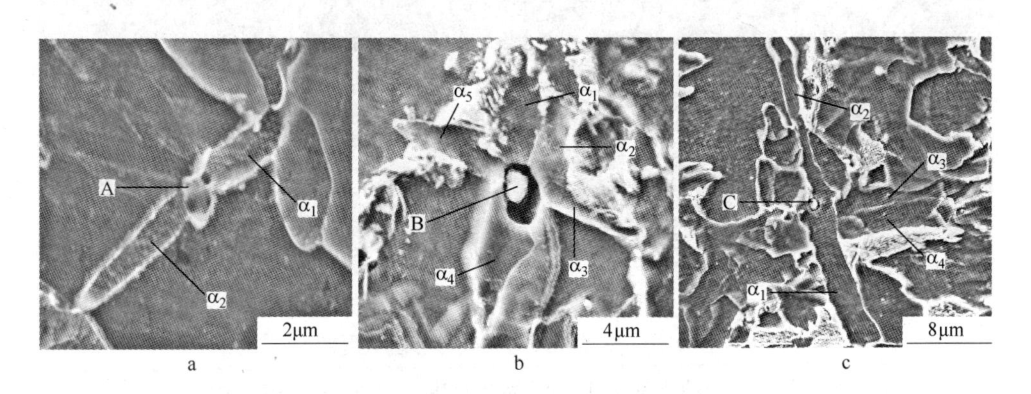

图 2-29 γ 晶粒内的夹杂物与组织形貌

a—夹杂物 A 为 $MgO-Al_2O_3-TiN-MnS$；b—夹杂物 B 为 $MgO-Al_2O_3-Ti_2O_3-MnS$；

c—夹杂物 C 为 $MgO-Al_2O_3-Ti_2O_3-TiN-MnS$

图 2-29a 中的夹杂物 A 为以 $MgO \cdot Al_2O_3$ 尖晶石为核心，其外包含 TiN-MnS 的复合夹杂物，尺寸为 1.2μm，以此夹杂物为核心形成两个 IAF（α_1，

α_2），相互之间夹角为180°，分割了基体中的铁素体。图2-29b中的夹杂物B为以$MgO \cdot Al_2O_3$尖晶石为核心，其外包含Ti_2O_3-MnS的复合夹杂物，尺寸为2.3μm，以此夹杂物为核形成5个IAF，其中两个IAF并行生长（α_1，α_2），与其余三个IAF互成约90°夹角。图2-29c中的夹杂物C为$MgO \cdot Al_2O_3$尖晶石为核心，其外包含Ti_2O_3-TiN-MnS的复合夹杂物，尺寸为1.4μm，以此夹杂物为核形成两个针状铁素体，呈180°夹角，具有更加发达的长宽比，且生成二次晶内铁素体（Secondary intragranular Ferrite）（如图2-25中α_3、α_4）。

图2-30为另外几种夹杂物的形核形貌。图2-30a中的夹杂物A为TiN-MnS、尺寸为620nm，以此夹杂物为核形成7个IGF，其中具有IAF特征的有4个，如图2-30a中的α_1 ~ α_4；夹杂物B为MgO-Al_2O_3-CaO-Ti_2O_3-MnS，尺寸为2.5μm，以此夹杂物为核形成4个IAF，如图2-30b中α_1 ~ α_4；夹杂物C为MgO-Al_2O_3-CaO-SiO_2-Ti_2O_3-MnS，尺寸为2.8μm，以此夹杂物为核形成9个IGF，其中具有IAF特征的有4个，长宽比大于6∶1的IAF有3个，如图2-30c中的α_1 ~ α_3。表明这几类夹杂物也具有良好的IAF形核能力。

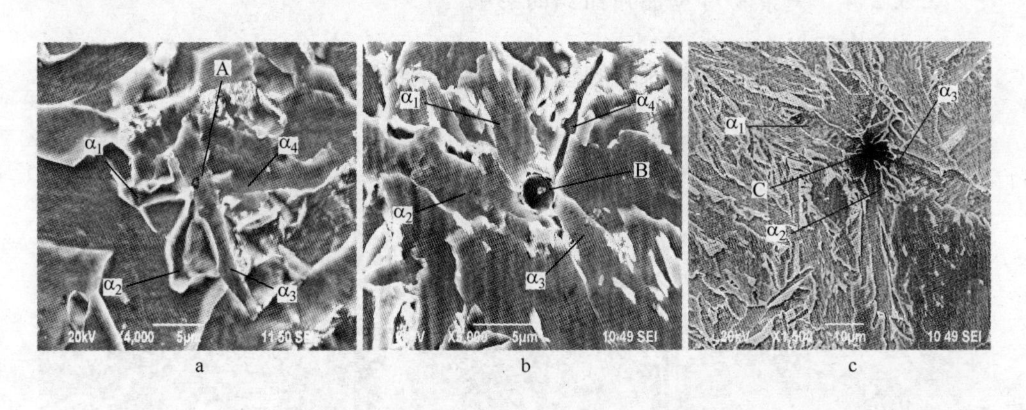

图2-30 γ晶粒内的夹杂物与组织形貌

a—夹杂物A为TiN-MnS；b—夹杂物B为MgO-Al_2O_3-CaO-Ti_2O_3-MnS；

c—夹杂物C为MgO-Al_2O_3-CaO-SiO_2-Ti_2O_3-MnS

如前所述，对于γ晶内组织，通常所说的晶内铁素体IGF，按照其形态可以分为晶内针状铁素体（IAF）和晶内多边形铁素体（IPF）。其中，IPF的形成温度略低于IAF的形成温度，是在IAF形核以后的长大过程中形成，以多边形的小块状存在于γ晶粒内部，和晶内形成的贝氏体相比，具有良好的韧性。IAF 和 IPF 相比，晶粒内具有高密度位错，微裂纹解理跨越 IAF 时会发生偏转，消耗更高的能量，表现出良好的冲击韧性。在 HAZ 区域，IAF 多以夹杂物为核形成，呈交叉互锁状，相互之间多为大角度晶界。随着热输入的增加，HAZ 冷却速度较小，IAF 会以夹杂物为核心呈放射状长大而伸长，具有更加发达的长宽比。IAF 的数量越多、长宽比越大，微解理裂纹在跨越或发生偏转时就会消耗越高的能量。如果钢中不存在适合 IAF 形核的夹杂物，即使 HAZ 冷速很小，IAF 也不会在夹杂物上形核。

关于夹杂物形成晶内铁素体已有众多研究，但关于夹杂物形成 IAF 的机理目前尚未有统一解释，主要的机理有：

（1）夹杂物周围溶质贫乏区机制[90]。主要是由于 Ti_2O_3 内部具有高浓度的阳离子空位，会将其周围的 Mn 元素吸入到 Ti_2O_3 内部，使其周围形成贫锰区，或者在夹杂物上析出 MnS 也会形成贫锰区，从而降低奥氏体稳定性，诱导晶内铁素体在非金属夹杂物上形核、长大。

（2）低界面能机理[91]。该机理认为非金属夹杂物与铁素体有较低的错配度，能够降低铁素体形核界面能，易于形核。

（3）应变诱导机理。该机理认为夹杂物的线膨胀系数比奥氏体小，冷却过程在夹杂物周围形成较大的应力场或者导入位错，晶内铁素体在夹杂物上形核长大，降低了夹杂物附近的应力-应变能[92]。

（4）由于碳化物的形成，在夹杂物周围形成贫碳区，从而促进铁素体形核[93]。

（5）由于氧化物中的氧元素过剩，在夹杂物周围形成脱碳，从而促进铁素体生成[94]。

（6）惰性界面能机理。夹杂物作为惰性介质表面，成为铁素体异质形核核心，从而降低形核的能垒[95]。

目前对前两种的讨论比较多，但尚未有统一解释。每种机理都可以用于解释某些夹杂物形成 IAF 的现象，却都存在反例无法解释，各机理之间存在相互矛盾之处。具体体现在：溶质贫乏机理通常用来解释形成 IGF 最为有效的 Ti_2O_3 夹杂的形核作用。钢中添加的 Ti 会与 O 结合而形成 TiO、TiO_2、Ti_2O_3、Ti_3O_5 等夹杂，其中 Ti_2O_3 具有高浓度的阳离子空位，会吸收周围的锰而形成贫锰区而促进 IGF 形核。但 TiO_2 同样具有高浓度的阳离子空位，但

TiO_2 却不能诱导 IGF 形核，这是局部成分变化机理难以解释的。应变诱导机理无法解释 MnS 诱导 IGF 形核这一现象，由于在 300～850℃时，MnS 的线膨胀系数为 $18.1\times10^{-6}℃^{-1}$，钢的线膨胀系数为 $23.0\times10^{-6}℃^{-1}$，两者的差别并不大，MnS 附近的应力—应变能并不高。低界面能机理无法解释具有六方结构、与铁素体晶格错配度高达 26.8% 的 Ti_2O_3 诱发 IGF 形核的现象；如果根据惰性界面能机理，则 IGF 更容易在奥氏体晶界上形核长大，而事实上，IGF 更容易在奥氏体晶内的夹杂物上形核长大。

总之，晶内铁素体形核机理与非金属夹杂物的性质有关，不同非金属夹杂物表现出不同的机理，也可能是多种机理共同作用的结果。非金属夹杂物诱导晶内铁素体形核的机理有待深入研究。

2.3.2.5 夹杂物尺寸对铁素体形核的影响

图 2-31 所示的是试验钢中夹杂物形成 IAF 的 OM 像。

由图 2-31 可以看出，尺寸小于 5μm 的夹杂物均具有 IAF 的形核能力，夹杂物尺寸越大，形成的 IAF 宽度越大、长度越长。图 2-31a、b 中标出的夹杂物 A 和 B，为较大尺寸（3～5μm）夹杂物形核形貌；图 2-31c、d 中标出的夹杂物 C、D、E，为中等尺寸（1～3μm）夹杂物形核形貌；图 2-31e、f 中标出的夹杂物 F、G、H，为小尺寸（小于 1μm）夹杂物形核形貌。由各图对比可以看出：由夹杂物 A 和 B 形成的 IAF 长度和宽度最发达，由夹杂物 C、D、E 形成的 IAF 长度和宽度次之，由夹杂物 F、G、H 形成的 IAF 长度和宽度最细小。虽然这些夹杂物均形成了具有长宽比大于 3∶1 特征的 IAF，但是其抵抗裂纹传播的能力却有不同。由 A、B 夹杂物形成的这种 IAF，由于长度和宽度尺寸过于发达，对基体组织造成了较大程度的分割，裂纹传播到此处受到阻力时，容易沿 IAF 的长度方向边界快速扩展而消耗较小的能量。如果当裂纹传播到由稍小尺寸夹杂物 C、D、E 形成的 IAF 时，沿 IAF 边界扩展的裂纹，其扩展长度会有所减小，就会遇到基体组织或其他 IAF 的阻碍。因此，由夹杂物 A、B 形成的 IAF，其抵抗裂纹传播的能力会弱于由较小尺寸夹杂物 C、D、E 形成的 IAF。同理，由夹杂物 C、D、E 形成的 IAF，抵抗裂纹传播的能力也会弱于由更小尺寸夹杂物 F、G、H 形成的 IAF。因此，钢中存在尺寸细小的夹杂物会获得更好的 HAZ 韧性。尺寸小于 5μm 的夹杂物形成 IAF

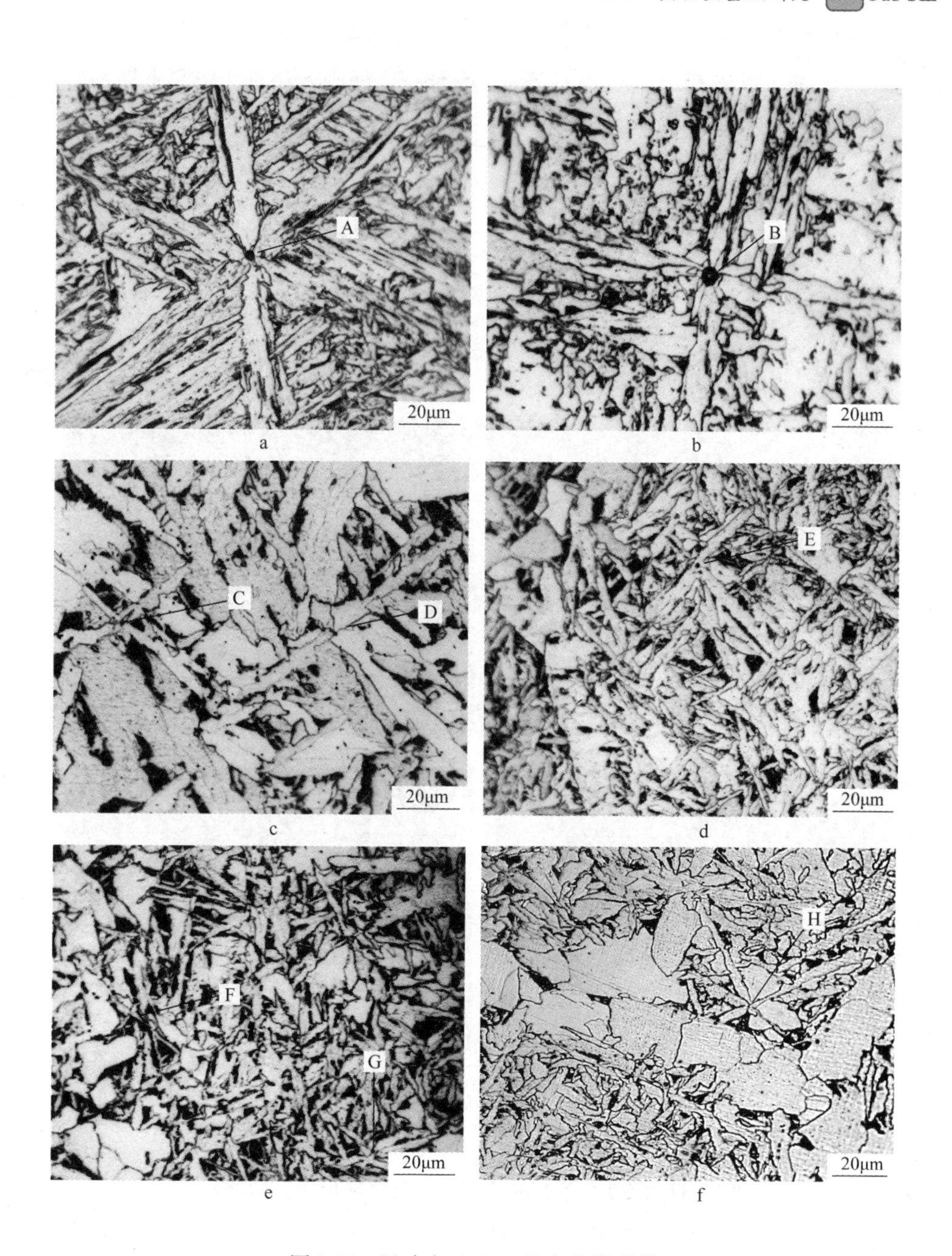

图 2-31 尺寸小于 5μm 的夹杂物形貌

a，b—夹杂物尺寸为 3～5μm；c，d—夹杂物尺寸为 1～3μm；e，f—夹杂物尺寸小于 1μm

的能力强。

图 2-32 为试验钢中检测到的部分尺寸大于 5μm 的夹杂物形核形貌。其中

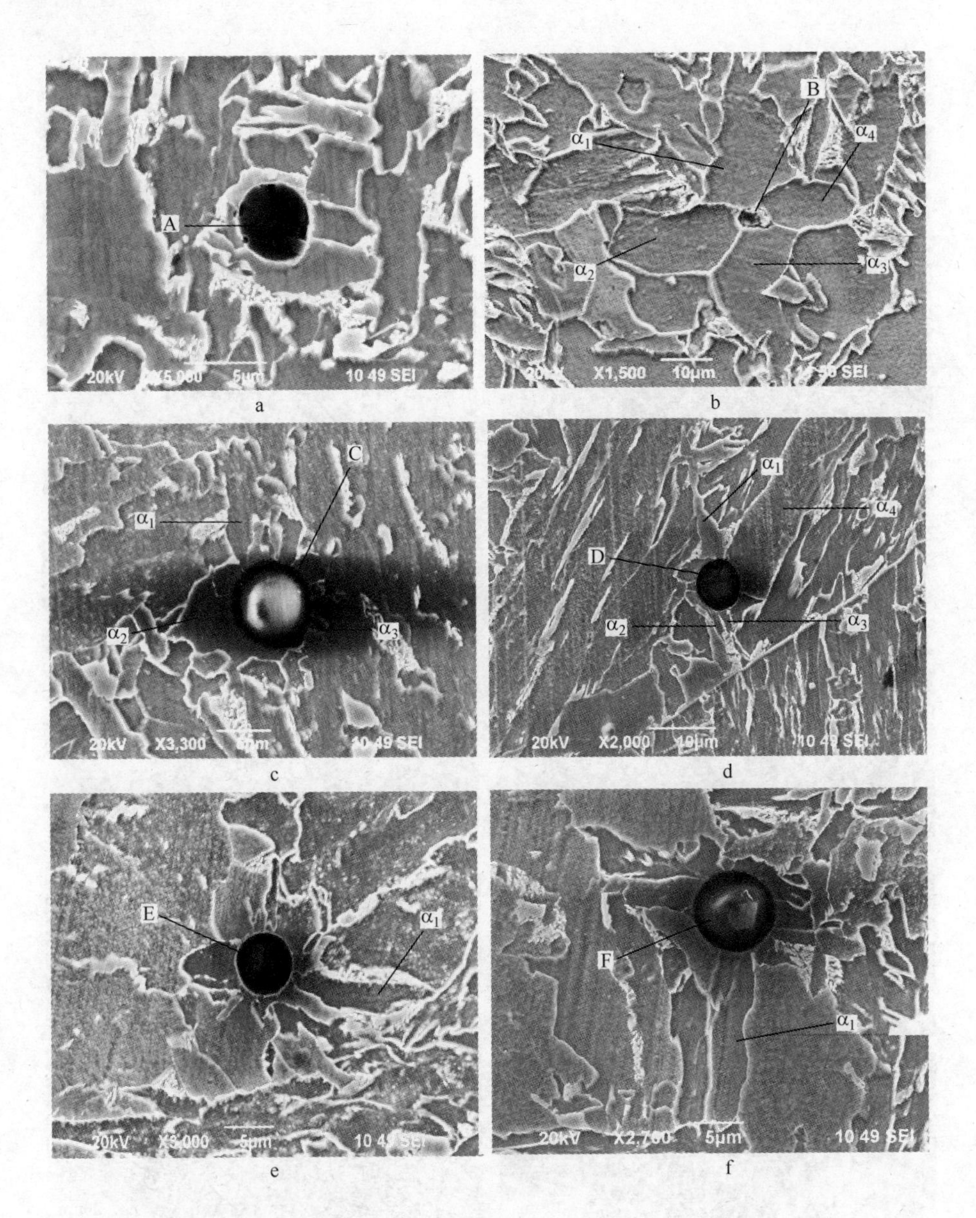

图 2-32　尺寸大于 5μm 的复合夹杂物与 IGF 形核形貌

a，b—可形成 IPF 但未形成 IAF 的夹杂物；c，d，e，f—能够形成 IPF 与 IAF 的夹杂物

图 2-32a 中的夹杂物 A 尺寸为 5.0μm，为 Al_2O_3-CaO-SiO_2-Ti_2O_3-MnS 类型的复合夹杂物，在这个夹杂物周围形成了数个 IPF，没有形成 IAF。由于 IPF 是 IGF 的一种类型，也可以说，这种尺寸的夹杂物具有形成晶内铁素体（IGF）的能力。图 2-32b 中的夹杂物 B 尺寸为 6.4μm，是 Ti_2O_3-Al_2O_3-MgO-MnS 类型

夹杂物，以此夹杂物为核形成4个IGF，如图2-32b中的$\alpha_1 \sim \alpha_4$，这种铁素体的长宽比小于3∶1，其间呈大角度晶界，其冲击韧性稍弱于IAF类型铁素体，但仍高于图2-32a中的多边形铁素体；图2-32c中的夹杂物C尺寸为7.2μm，类型$MgO-Al_2O_3-CaO-SiO_2-Ti_2O_3-MnS$，以此夹杂物为核形成8个铁素体，其中具有IAF特征的有一个，如图2-32c中的α_1，其他7个铁素体均呈现出不发达形态。这是由于在HAZ温度降低过程中，以夹杂物为核形成IAF的温度略高于晶内其他组织（如贝氏体）的形成温度，这种大尺寸的夹杂物形核能力弱，以此夹杂物生成的IGF长大速度慢，还未得到充分长大时，便遇到周围形成的其他组织的阻碍，从而相互之间发生合并而变得宽大（如图2-32c中的α_2），或停止长大（如图2-32c中的α_3）。图2-32d中的夹杂物D尺寸为7.0μm，类型为$MgO-Al_2O_3-CaO-SiO_2-Ti_2O_3-MnS$，以此夹杂物为核生成4个IAF，如图2-32d中的$\alpha_1 \sim \alpha_4$。其中α_2和α_3比较细小，长宽比约为3∶1；α_1比α_2、α_3发达，呈典型的针片状，长宽比约为6∶1，具有优良的韧性；α_4的宽度虽然较大（约为8μm），却呈现出更大的长宽比，此种形态虽然仍会具有较好的韧性，但其抵抗裂纹传播的能力却弱于α_1、α_2和α_3。图2-32e、f中的夹杂物E、F均为$MgO-Al_2O_3-CaO-Ti_2O_3-MnS$类型。图2-32e中的夹杂物E尺寸为5.4μm，图2-32f中的夹杂物F尺寸为7.8μm，以这两个夹杂物为核均形成了数个IGF，每个夹杂物形成了具有长宽比大于3∶1特征的IAF（如图2-32e中的α_1、图2-32f中的α_1）。由此可见：尺寸为5~8μm范围内的大尺寸夹杂物也具有IGF形核能力，且个别夹杂物还能够形成IAF。

在奥氏体向铁素体转变过程中，相界面为新相的非均匀形核提供形核位置，晶界铁素体由于在晶界处形核，其形成决定于总的晶界面积，而晶内针状铁素体在夹杂物表面形核，其形成决定于夹杂物颗粒面积，若夹杂物尺寸太小，则相界面过小，达不到非均匀形核所需要的临界相界面面积，针状铁素体难于在其上形核长大。若夹杂物尺寸过大，会使其相界面发挥类似晶界的作用，促使块状铁素体的形成。因此，能够促进IAF形核的夹杂物尺寸有一个范围。关于夹杂物形成IAF的尺寸范围，文献［96］认为：最有利于IAF形核的夹杂物最小尺寸为400nm，文献［97］认为：以氧化物和MnS为主的复合夹杂物，能够诱导IAF形核的夹杂物尺寸在3μm以下。文献［98］认为：钢中存在尺寸大于5μm的夹杂物不会形成晶内铁素体，甚至会成为微裂纹源，降低HAZ韧性。而本研究中发现尺寸为5～8μm范围内的大尺寸夹杂物也具有IGF形核能力，且也可以形成IAF，应该说是一个新发现。

图2-33所示的是图2-32f中夹杂物F的面扫描结果。由图2-33中各元素的分布状态可以判断出夹杂物的基本组成结构，即此夹杂物由$MgO \cdot Al_2O_3$尖晶石为核心，尖晶石的外层为Si-Ca-Al组成的氧化物，再外层为Ti_2O_3，最外层为MnS。虽然在面扫描元素分布图中，Mn、S、Ti三种元素显示得不是很明显，但采用点扫描方式在夹杂物的边缘做EDS，则会显示出这三种元素的高峰值，而在夹杂物内侧无此三种元素的峰值，可以证明这三种元素均在夹杂物边缘分布。夹杂物心部的$MgO \cdot Al_2O_3$尖晶石是高熔点夹杂物，尺寸约为2.6μm，是耐火材料溶进钢液形成的，在随后合金化阶段与凝固过程中，Al、Si、Ca的氧化物包覆在尖晶石外侧，氧化钛和MnS依附在最外层。此夹杂物在1400℃的大热输入焊接热循环条件下，只有最外层的MnS发生了溶解

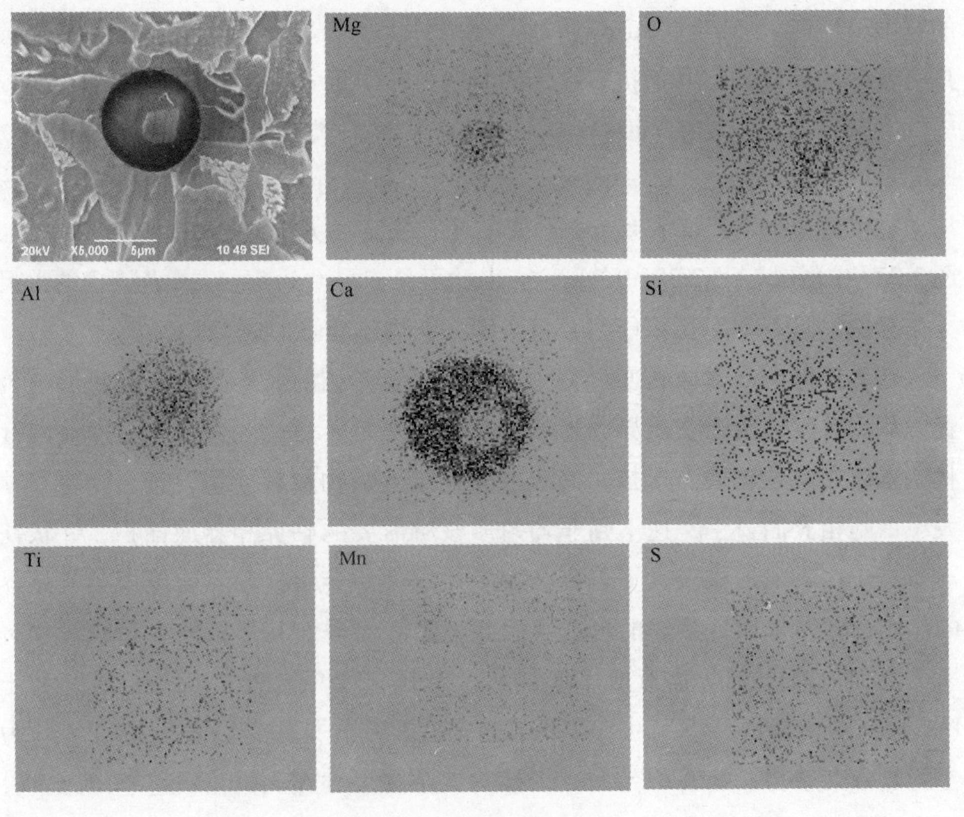

图2-33 夹杂物元素分布图

与再析出。SEM 检测结果显示：在此夹杂物外侧显示出很宽范围的 Mn 贫乏区，宽度约为 1.3μm 左右。以此夹杂物形成的 IPF 和 IAF，推测其显示出贫锰区形核机制。而图 2-32e 中的夹杂物 E 结构与图 2-32f 基本相同，只是夹杂物中心的 $MgO \cdot Al_2O_3$ 尖晶石形状不同（图中两个夹杂物中心颜色较浅的块状部分即为 $MgO \cdot Al_2O_3$ 尖晶石）。

2.3.2.6 小结

（1）采用新工艺添加镁的试验钢，在峰值温度为 1400℃ 的条件下，经 100～800kJ/cm 的焊接热输入，－20℃ 的冲击功能够达到 100J 以上。其金相组织为块状的晶界铁素体（GBF）、晶内多边形铁素体（IPF）、晶内针状铁素体（IAF）组成，且 IAF 面积分数占 50% 以上，无板条贝氏体和粒状贝氏体组织。

（2）钢中的含氧化镁类夹杂物通过形成 IAF 来细化奥氏体晶内组织，提高 HAZ 韧性。形成 IAF 的有效夹杂物多为含 Ti 和 MnS 的复合夹杂物，且尺寸为 0.6～5μm，在此范围内，夹杂物的尺寸越大，形成的 IAF 越发达。尺寸为 5～8μm 的这类夹杂物也具有一定的晶内铁素体形核能力，且也能够形成具有 IAF 特征的 IGF。

2.3.3 锆添加钢的基础研究

锆和氧的亲和力很强，所生成的氧化锆熔点高，热稳定性好，是一种很好的促进针状铁素体形核的夹杂物。夹杂物粒子的形核率从大到小为 $MgO > ZrO_2$，所以在钢中添加锆，可以获得数量较多的氧化锆粒子。但是，在 1600℃ 保温时，粒子的长大速度由大到小是 $ZrO_2 > MgO$，所以要在冶炼和凝固过程中控制氧化锆粒子的粗大化，防止其产生不利影响。工业生产中若添加 Zr，需要严格控制工艺制度，否则容易造成钢板强韧性的恶化。

实验用钢采用真空感应炉炼制，采用 TMCP 工艺在实验室热轧机上进行再结晶区和未再结晶区两阶段轧制，将钢坯轧制成厚度为 16mm 的钢板。钢坯加热到 1200℃，保温 2h，粗轧开轧温度 1150℃，终轧温度高于 1000℃，精轧开轧温度 880℃，终轧温度为 820℃，采用层流冷却，冷却速度在 15～20℃/s 之间，终冷温度为 650℃。取样进行化学成分分析，实验钢的化学成分如表2-9所示。其力学性能如表2-10所示。图2-34为实验钢轧态的显微组织，从图中可以看出，实验钢主要以铁素体和珠光体为主，珠光体沿着轧制方向呈链状分布。

表2-9　实验钢化学成分（质量分数,%）

C	Si	Mn	P	S	Zr	Ti + Nb + V
0.1	0.18	1.41	<0.008	<0.005	0.01	<0.05

表2-10　实验钢的力学性能

R_{el}/MPa	R_m/MPa	δ/%	A_{KV}(−20℃)/J
425	533	27	299

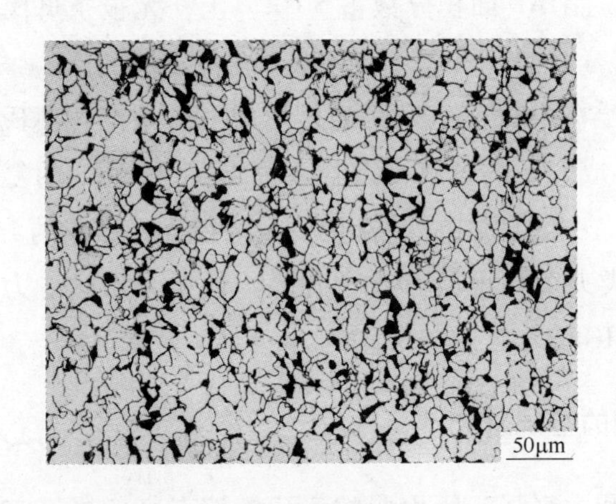

图2-34　实验钢显微组织

模拟大热输入焊接：

沿着实验钢板的横向取样，加工成11mm×11mm×55mm的焊接热模拟实验试样。根据Rykalin-2D热传导模型，如式（2-56）、式（2-57）所示。在MMS-300型热模拟实验机上对试样进行大热输入焊接热模拟实验，为了避免实验误差，每组焊接热循环工艺重复三次。试样以100℃/s的速度加热到峰值温度1400℃，保温一定的时间后，以不同的冷却速度降温，终冷温度为400℃，模拟大热输入焊接热循环示意如图2-35所示。

$$T(t) = \frac{E}{\delta} \times \frac{1}{\sqrt{4\pi\lambda\rho ct}} \exp\left[-\frac{r^2}{4(\lambda/\rho c)}\right] \tag{2-56}$$

$$r = \frac{E}{T_{max}\delta\rho c\sqrt{2\pi e}} \tag{2-57}$$

式中 E——热输入量，kJ/cm；

δ——钢板厚度，cm；

λ——热导率，J/(cm·s·℃)；

ρ——密度，g/cm^3；

c——比热容，J/(g·℃)；

t——时间，s；

r——某点距离电弧中心的距离，cm；

T_{max}——热循环的峰值温度，℃。

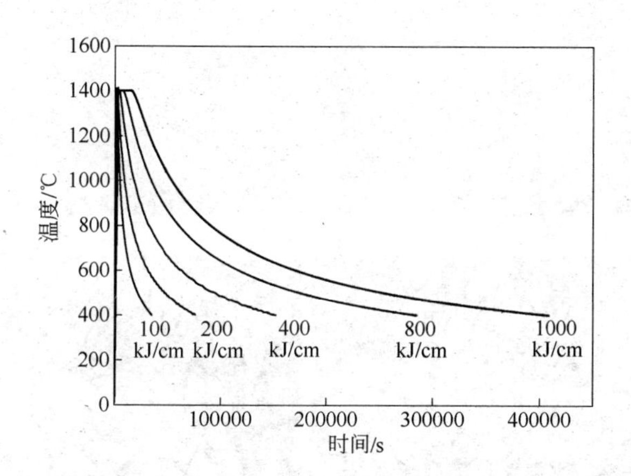

图 2-35 大热输入焊接热循环示意图

本实验中模拟的热输入量为 100kJ/cm，200kJ/cm，400kJ/cm，800kJ/cm，1000kJ/cm。具体焊接热循环参数如表 2-11 所示。

表 2-11 大热输入焊接热循环参数

峰值温度/℃	峰值温度停留时间/s	$\Delta t_{800\sim500}$/s	热输入/kJ·cm^{-1}
1400	1	137.5	100
1400	1	214	200
1400	3	325	400
1400	30	730	800
1400	60	818	1000

2.3.3.1 热输入对组织的影响

图2-36为实验钢经过不同的焊接热输入量后的金相组织。从图2-36中可以看出，当热输入能量为100kJ/cm时，在晶界处有很多沿着晶界生长的晶界铁素体组织（GBF），在晶内可以看到有大量的细小相互交错，呈十字交叉的针状铁素体组织（AF），如图2-36a所示。当热输入量为200kJ/cm时，同样可以观察到晶界铁素体和晶内AF的出现，如图2-36b所示。当热输入能量为400kJ/cm时，奥氏体晶粒尺寸明显增大，除了可以观察到晶界铁素体和晶内

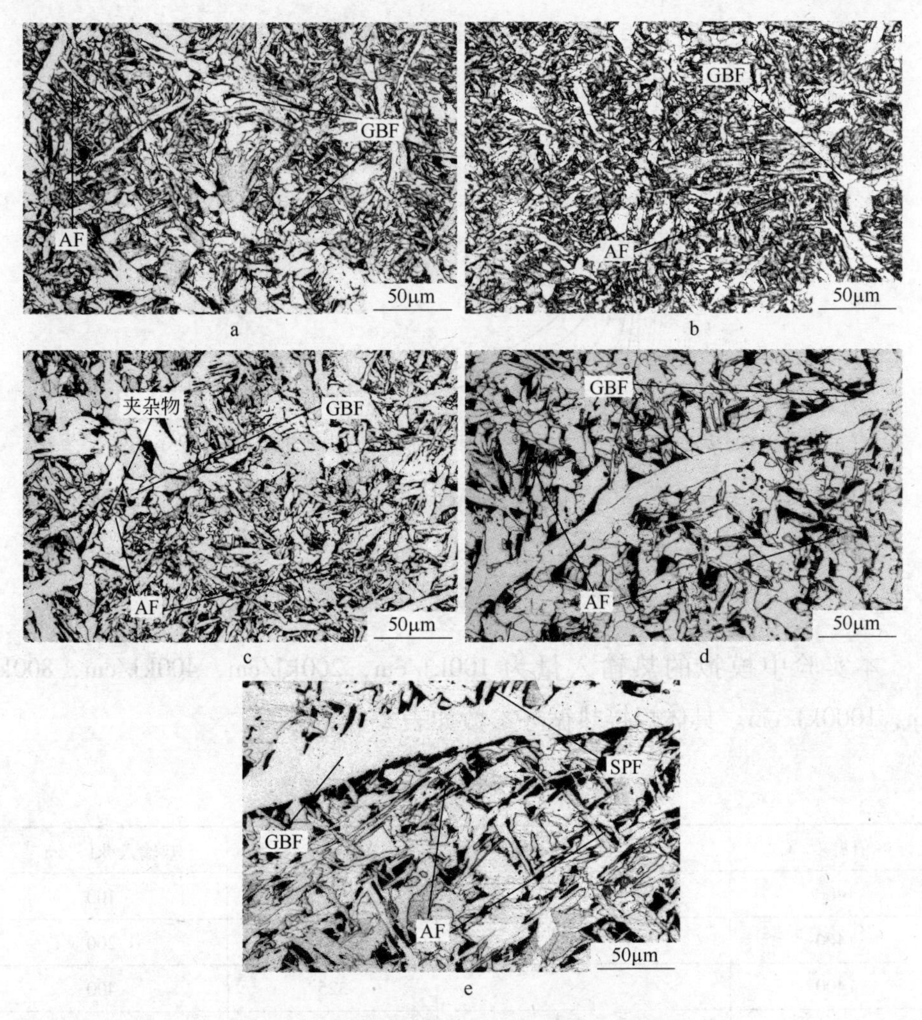

图2-36 不同热输入焊接热循环下的金相组织

a—100kJ/cm；b—200kJ/cm；c—400kJ/cm；d—800kJ/cm；e—1000kJ/cm

AF 外，还可以看到，细小的针状铁素体（AF）在一个位于晶界附近的夹杂物周围形核并长大，如图 2-36c 所示。在晶界处形成的 AF 可以有效地阻止侧板条铁素体组织（SPF）的形成，侧板条铁素体组织是大热输入焊接过程中经常出现的组织，该组织可以为微裂纹提供传播的途径，对粗晶热影响区的冲击韧性非常不利，因此，改善粗晶热影响区的韧性应该尽可能地避免该组织的出现。当热输入量为 800kJ/cm 时，可以发现晶界铁素体组织明显粗化，从单个的小块状向大块的长条状转变，沿着晶界生长。值得注意的是，晶内 AF 的形状明显细小，更加细长，将奥氏体晶内分割成多个较小的区域，起到了细化晶粒的作用，如图 2-36d 所示。当热输入量为 1000kJ/cm 时，晶界铁素体明显粗化，而晶内 AF 更加细小，在晶界处可以观察到少量的侧板条铁素体组织（SPF）向晶内 AF 较少的一侧生长，说明晶内 AF 的形成有助于抑制侧板条铁素体组织的形成与长大，如图 2-36e。

图 2-37 为实验钢经过不同的大热输入焊接热循环后的奥氏体晶粒尺寸随着热输入的变化。从图 2-37 中可以看出奥氏体晶粒尺寸随着热输入的增大而增加，当热输入增加到 800kJ/cm 时，奥氏体晶粒尺寸明显增大，当热输入进一步增加到 1000kJ/cm 时，奥氏体晶粒尺寸继续增大。

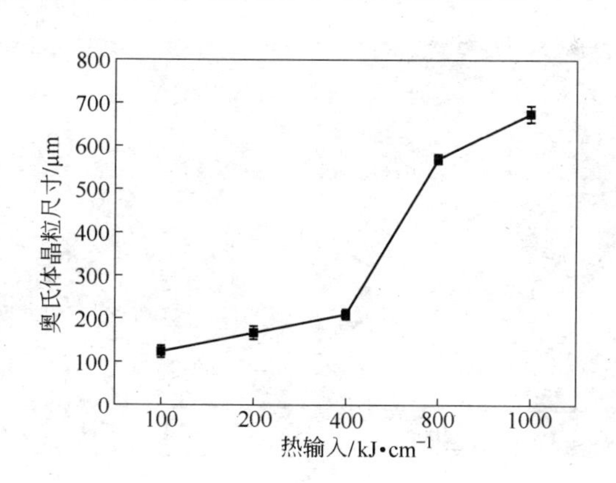

图 2-37　不同热输入焊接热循环下的奥氏体晶粒尺寸

图 2-38 为实验钢经过热输入量分别为 100kJ/cm，400kJ/cm，1000kJ/cm 时的晶粒取向。从图 2-38 中可以看出，当热输入量为 100kJ/cm 和 400kJ/cm 时，晶粒尺寸较细小，这是由于含有大量的晶内 AF，细化了晶粒，如图 2-38a，c所示。当热输入量为 1000kJ/cm 时，晶粒尺寸较为粗大，如图 2-38e

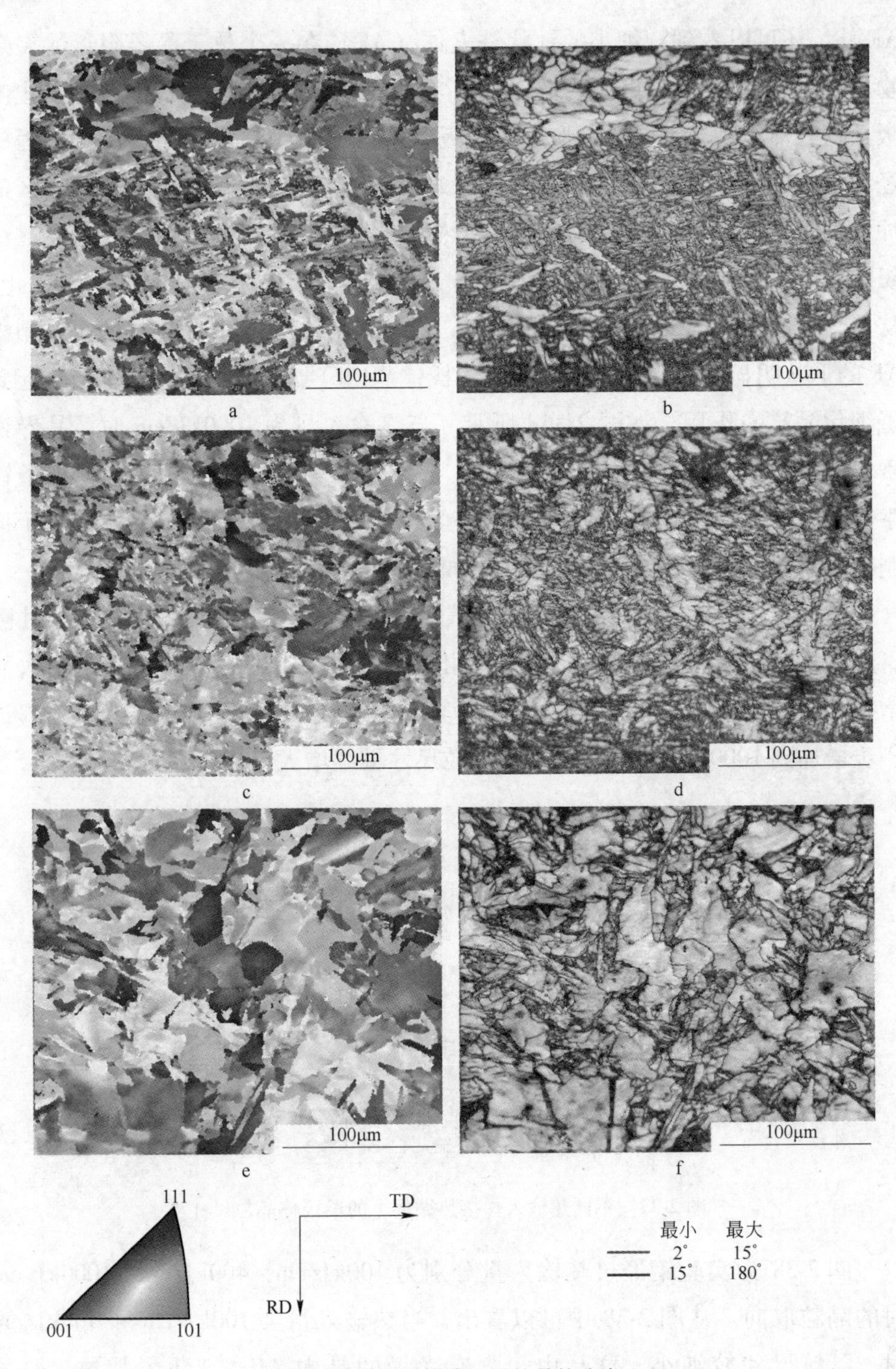

图 2-38　不同热输入量的晶粒取向

a，b—100kJ/cm；c，d—400kJ/cm；e，f—1000kJ/cm

所示。图2-38b，d，f 分别为矢量图。图中的蓝线代表大于 15°或者更高的大角度晶界，红线代表 2°～15°的小角度晶界。大角晶界可以有效地阻止微裂纹在晶内组织中的传播，然而小角度晶界没有明显的阻止裂纹扩展的作用。根据 EBSD 的结果，热输入分别为 100kJ/cm，400kJ/cm，1000kJ/cm 时的有效的晶粒尺寸为 16.4μm，28.5μm 和 45.2μm。

图 2-39 是利用透射电子显微镜对实验钢双喷试样进行观察的试验结果。从实验钢经过热输入量为 400kJ/cm 的焊接热循环后夹杂物促进 AF 形核的透射照片可以看出，三个呈交叉状的 AF 在黑色的夹杂物周围形核，并向外伸展生长，该夹杂物的大小在 1.5μm 左右。

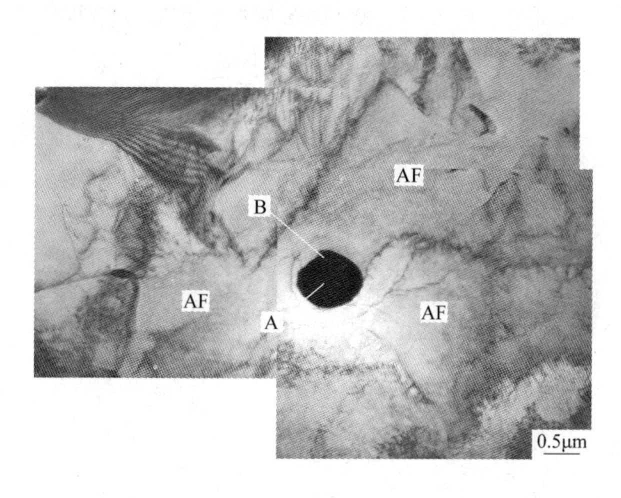

图 2-39　热输入为 400kJ/cm 时夹杂物（约 1.5μm）促进 AF 形核的透射照片

图 2-40 为实验钢经过热输入量为 400kJ/cm 的焊接热循环后夹杂物的能谱分析。从图中可以看出，位置 A 处主要是 Zr 的氧化物，如图 2-40a 所示；位置 B 处同样是 Zr 的氧化物并伴随有 MnS，如图 2-40b 所示。

图 2-41 为实验钢经过热输入能量为 800kJ/cm 的焊接热循环后夹杂物促进 AF 形核的透射照片。从图中可以看出，两个呈交叉状的 AF 在黑色的夹杂物周围形核并向外伸展生长，该夹杂物的大小在 2μm 左右。由于该试样为碳膜复型试样，因此，在透射电子显微镜下观察，试样的背景为灰白色，夹杂物为黑色，有助于确定夹杂物的位置，对其进行观察研究。

图 2-42 为实验钢经过热输入量为 800kJ/cm 的焊接热循环后夹杂物的能

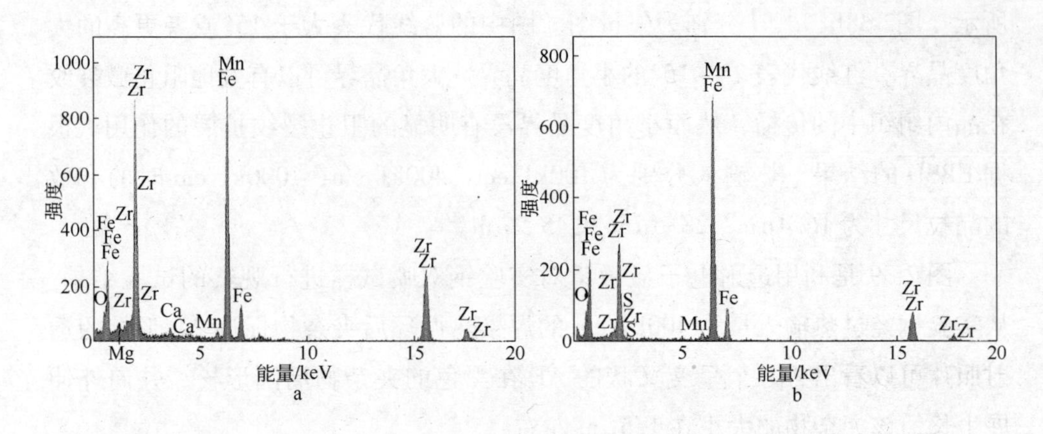

图 2-40 热输入为 400kJ/cm 时夹杂物的能谱分析

a—A 区域；b—B 区域

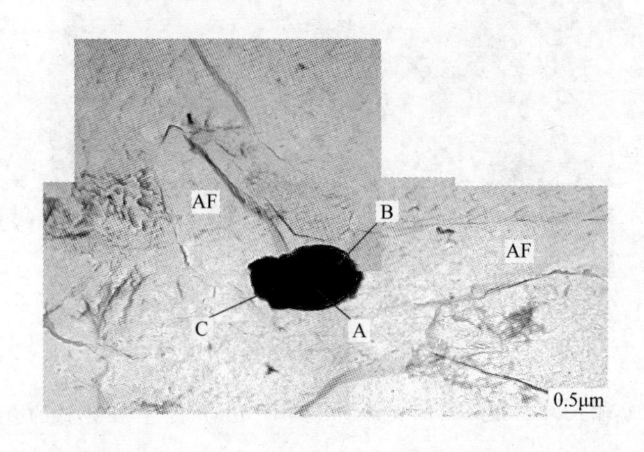

图 2-41 热输入为 800kJ/cm 时夹杂物（约为 2μm）促进 AF 形核透射照片

谱分析。从图中可以看出，位置 A 处为 Al 和 Mg 的氧化物，并含有少量的 MnS，如图 2-42a 所示；位置 B 处为 Zr 的氧化物和大量的 MnS，如图 2-42b 所示；位置 C 处为主要为 TiN，如图 2-42c 所示。经过大热输入焊接热循环后，图 2-41 所示的夹杂物以氧化物为中心，在其周围析出 MnS 和 TiN 构成了复合夹杂物有助于促进 AF 的形成。值得注意的是，还可以从能谱中发现有 C 元素和 Ni 元素的存在，这是由于该试样采用的是碳膜进行复型，以碳膜为载体，因此，会有 C 元素在能谱中出现。至于 Ni 元素的出现，是由于本实验以镍网为承载碳膜的工具，故而在能谱中会出现 Ni 元素出现的

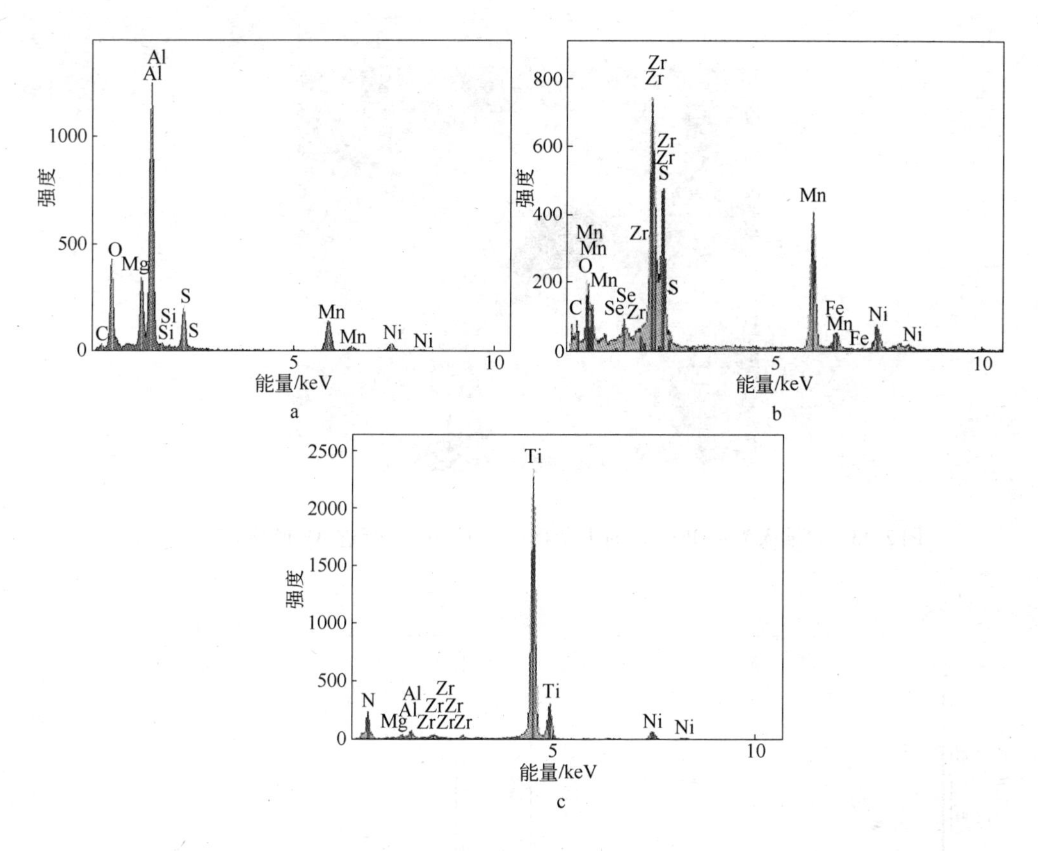

图 2-42　热输入为 800kJ/cm 时夹杂物的能谱分析

a—A 区域；b—B 区域；c—C 区域

情况。

图 2-43 为实验钢经过热输入量为 400kJ/cm 的焊接热循环后夹杂物促进 AF 形核的透射照片。从图中可以看出，三个呈交叉状的 AF 在黑色的夹杂物周围形核，并向外伸展生长，该夹杂物的大小在 0.8μm 左右。其中可以很明显地观察到，该夹杂物是由多个夹杂物复合而成的，以 A 位置处为中心，周围包覆着其他的夹杂物。

图 2-44 为实验钢经过热输入量为 400kJ/cm 的焊接热循环后夹杂物的能谱分析。从图中可以看出，位置 A 处为 Zr 和 Ti 的氧化物，如图 2-44a 所示；位置 B 处主要为 TiN 并含有少量的 CuS 的出现，如图 2-44b 所示；位置 C 处同为 TiN 并含有少量的 CuS 的出现，如图 2-44c 所示。

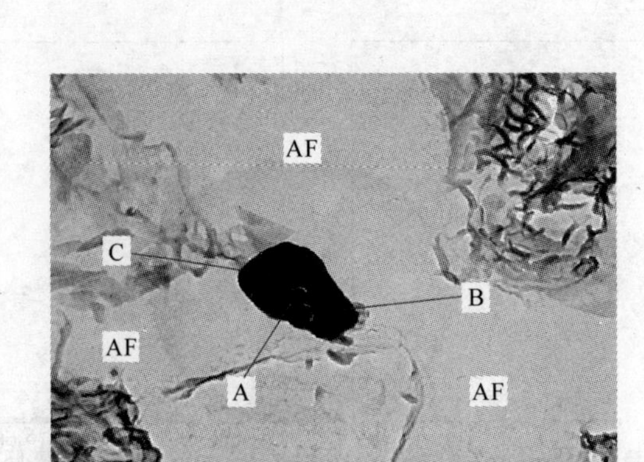

图 2-43 热输入为 400kJ/cm 时夹杂物（约 1.5μm）促进 AF 形核的透射照片

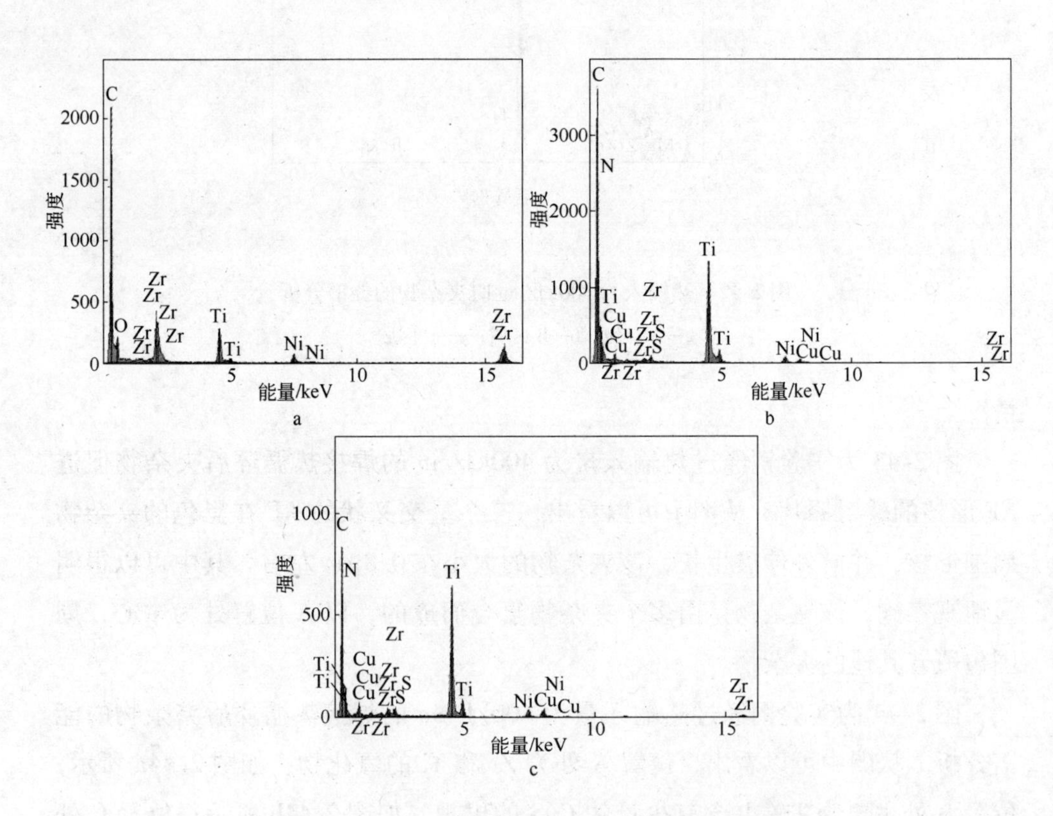

图 2-44 热输入为 400kJ/cm 时夹杂物的能谱分析

a—A 区域；b—B 区域；c—C 区域

根据能谱分析可以发现，有 CuS 在夹杂物上析出。一般情况下，钢中的 Cu 来源于铁水或转炉冶炼时添加的废钢，这些 Cu 在精炼时很难去除。另外，为了达到钢材的某些特殊用途而添加的 Cu，这些 Cu 作为合金元素而使用。Cu 在高温时的氧化气氛下，会在钢液表面以液态析出。传统钢中的 Cu 能够侵入奥氏体晶界而造成钢材的热脆性，从这个角度来说，是钢中的有害元素。但是，有关文献研究的结果表明：钢中适量的 Cu 能够在 HAZ 区域抑制晶界粗大的铁素体形成，使形成的铁素体晶粒细化、γ 晶粒细小，有利于韧性的提高。钢中的 Cu 含量在 0.08% ~0.5% 范围内时，钢中析出的 TiN 数量随着 Cu 含量的增加而增加。钢中的 Cu 含量在 0.70% 以内范围时，由于淬透性增大的效果，抑制多边形铁素体的形成，促进针状铁素体的形成。在含 Sn 钢中，如果添加 Mn、S，则会在 α-Fe 内析出微细的(Mn,Cu)S，以及 20 ~40nm 的超微细的 CuS。而传统钢中的 Cu 常在 γFe 晶界以粗大的析出物存在，或者以 γ-Fe 晶粒内的氧化物为核析出 ε-Cu，常会造成铸坯表面裂纹。所以利用钢中的 Cu 来提高 HAZ 韧性，必须合适地控制其添加量。

2.3.3.2 热输入对韧性的影响

图 2-45 为母材和焊接热模拟试样的冲击功值，从图中可以看出，焊接热模拟试样的冲击功随着热输入量增加而呈先上升后下降的趋势变化。当热输入为 100kJ/cm 时，冲击功值从母材的 299J 下降到了 155J，可以看出，经过大热输入焊接热循环后，试验钢的冲击韧性明显下降；当热输入为 200kJ/cm

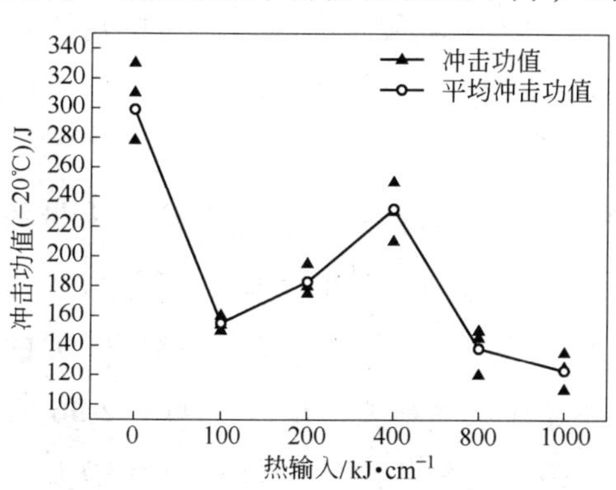

图 2-45 母材和焊接热模拟试样的冲击功值

时，焊接热模拟试样的冲击功值略有提高，为183J；当热输入为400kJ/cm时，焊接热模拟试样的冲击功值达到了最高，为232J；当热输入继续增加到800kJ/cm时，冲击功值开始下降，为138J；当热输入进一步增加到1000kJ/cm时，冲击功值为123J。

值得注意的是，冲击功值开始是随着热输入的增加而上升，但是当热输入大于400kJ/cm后开始下降。这是由于焊接热影响区冲击功值的改善与晶内AF的数量有着直接的关系，而晶内AF的形成不仅与夹杂物的类型、尺寸和分布有关，还与原始奥氏体晶粒尺寸有关。适当地增大奥氏体晶粒尺寸有助于促进晶内AF的形成。奥氏体晶粒尺寸的增加，减少了奥氏体晶界的面积，减少了晶界铁素体潜在的形核位置，有利于相变向晶内偏移，有益于晶内的AF在夹杂物上形核并长大。因此，当热输入为400kJ/cm时，晶内出现了大量的AF，这种晶内AF的大量出现可以有效地阻止裂纹在晶内扩展，明显地改善了焊接热影响区的冲击韧性。当热输入进一步增加到800kJ/cm时，虽然也有AF在晶内形成，但是晶界铁素体变得异常粗大，这种粗大晶界铁素体的出现有可能为裂纹扩展提供传播的路径，因此，导致了粗晶热影响区冲击韧性的下降。

图2-46是热输入分别为400kJ/cm和1000kJ/cm时焊接热模拟试样冲击断口的形貌。

从图2-46中可以看出，热输入为400kJ/cm时，试样的冲击断裂为韧性断裂，在断裂区域可以观察到大量的韧窝，如图2-46b所示，该韧窝在断裂过程中可以吸收更多的能量，因此，对应较高的冲击功值；热输入为1000kJ/cm时，试样的冲击断裂为脆性断裂，在断裂区域中可以观察到大量的河流状条纹，如图2-46d所示。冲击断口的观察与冲击功值随热输入的变化规律相一致。

图2-47为焊接热模拟试样的微观硬度随着热输入量的变化。从图中可以看出，维氏硬度随着热输入量的增加而下降。当热输入为1000kJ/cm时，维氏硬度值最小。热输入量增加时，从800℃冷却到500℃的速度减小，时间延长，晶内铁素体的有效晶粒尺寸增大，出现了如图2-36所示的大块晶界铁素体组织和晶内铁素体组织，使软相组织的体积分数增大，因此随着热输入量的增加而硬度不断下降。

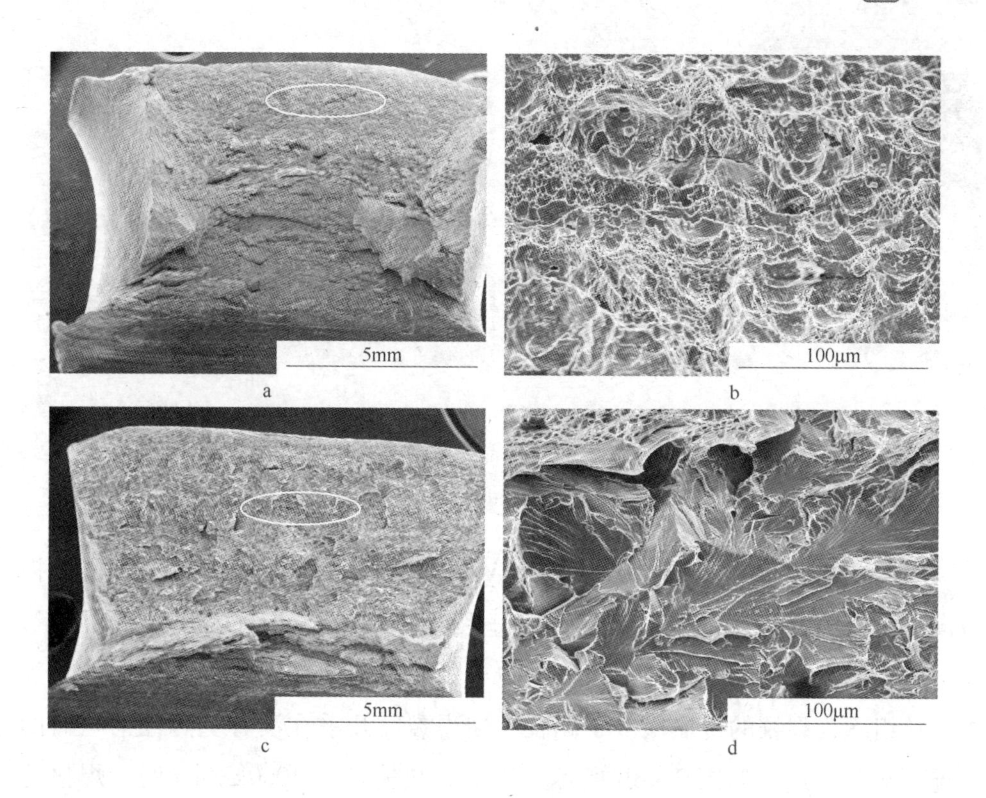

图 2-46 焊接热模拟试样冲击断口形貌

a—400kJ/cm 热输入宏观断口；b—a 中圈处的放大图；
c—1000kJ/cm 热输入宏观断口；d—c 中圈处放大图

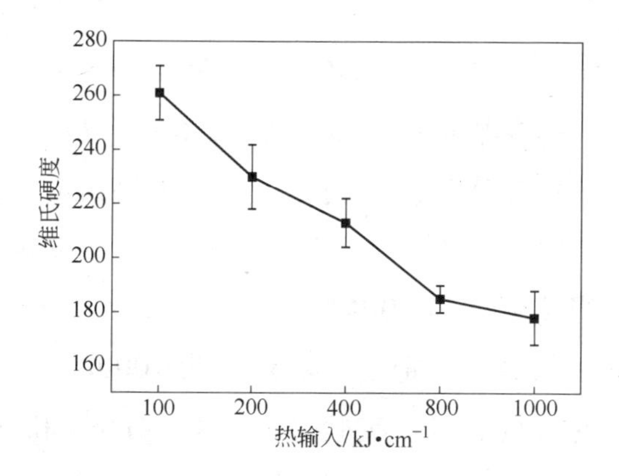

图 2-47 维氏硬度随着热输入量的变化

图 2-48 为不同热输入条件下焊接热模拟冲击试样中裂纹的传播路径。从图中可以看出，当热输入为 400kJ/cm 时，金相组织中含有大量的 AF，由于

图2-48 不同热输入条件下粗晶热影响区中裂纹的传播路径

a—400kJ/cm；b—800kJ/cm

AF 相互交叉的特殊结构，裂纹传播到 AF 时，AF 可以有效地改变裂纹的传播方向，从而消耗更多的能量，起到阻止裂纹扩展的作用，如图 2-48a 所示；当热输入为 1000kJ/cm 时，金相组织中出现了大量的大块状的晶界铁素体组织，该组织为裂纹的传播提供了路径，使得裂纹几乎在没有受到任何阻碍的情况下顺利通过，如图 2-48b 所示。因此，热输入为 1000kJ/cm 时，焊接热模拟试样的冲击功值明显下降。

2.3.3.3 热输入对晶内 AF 的影响

晶内铁素体组织可以根据其最大长度（L_{max}）、最大宽度（W_{max}）和长宽比（L_{max}/W_{max}）等参数进行定义。根据文献［99］，晶内 AF 经常定义为长宽比大于 3 的铁素体组织，因此，本实验将长宽比大于等于 3 的铁素体组织定义为 AF 组织。图 2-49 为不同热输入时铁素体组织的分布。从图中可以看出，当热输入为 100kJ/cm 和 400kJ/cm 时，组织中 AF 的数量多于 1000kJ/cm 时的数量。但是，热输入为 1000kJ/cm 时的 AF 更加细小，长宽比大于 7 的数量更多。实验钢经过 100kJ/cm 和 400kJ/cm 大热输入焊接热循环时，相对 1000kJ/cm 的焊接热循环来说，具有更大的过冷度，在相变过程中为 AF 的相变提供了更大的驱动力，因此，当热输入为 100kJ/cm 和 400kJ/cm 时，组织中 AF 的数量较多。AF 的相变机制与贝氏体组织相变类似，都是以剪切相变为主。在某一温度范围内，AF 以剪切方

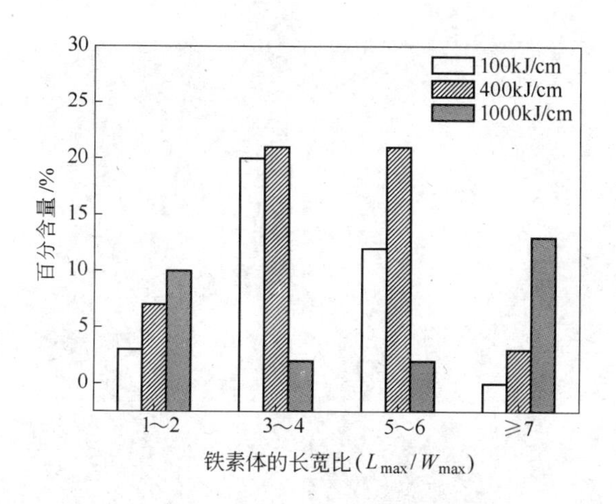

图 2-49 晶内铁素体长宽比的分布

式迅速开始相变。当热输入为 1000kJ/cm 时，冷却速度非常缓慢，不能为 AF 进一步的长大提供驱动力，因此，AF 的形状较为细小，长宽比大于 7 的数量更多。

2.3.3.4 晶内 AF 感生形核对焊接热影响区韧性的影响

根据对大热输入焊接热影响区组织的观察可以发现，在晶内形成的大量条状 AF 周围并不是都伴随有夹杂物的出现。尽管夹杂物可以促进多个 AF 在其上面形核，通常为 2 ~ 3 个 AF，但是 AF 的数量要远远超过夹杂物的数量，其数量要大于夹杂物的数量一个数量级之多。Zhang D 和 Komizo[100] 等人在高温显微镜下对 AF 的形成过程进行了在线观察，试样从 1400℃冷却到室温的过程中，在不同的时刻对 AF 的形成进行详细的研究，结果表明，在冷却过程中 AF 首先在夹杂物上面形核，当 AF 长大到一定程度后，在 AF 周围没有夹杂物的位置也会观察到有 AF 的出现。先在夹杂物上面形成的 AF 为一次 AF，之后没有在夹杂物上面形核的 AF 为二次 AF。由于二次 AF 的数量要远远多于一次 AF，因此，二次 AF 对阻止裂纹的扩展，改善热影响区的韧性起了主要的作用。

图 2-50 为利用电子探针显微镜对促进 AF 形核的夹杂物进行的元素分布面扫描。从图中可以看出，该夹杂物尺寸约 2μm 左右主要为 Zr 的氧化物，MnS 包覆在其周围，氧化物周围有少量的 TiN 析出。值得注意的是，一次 AF

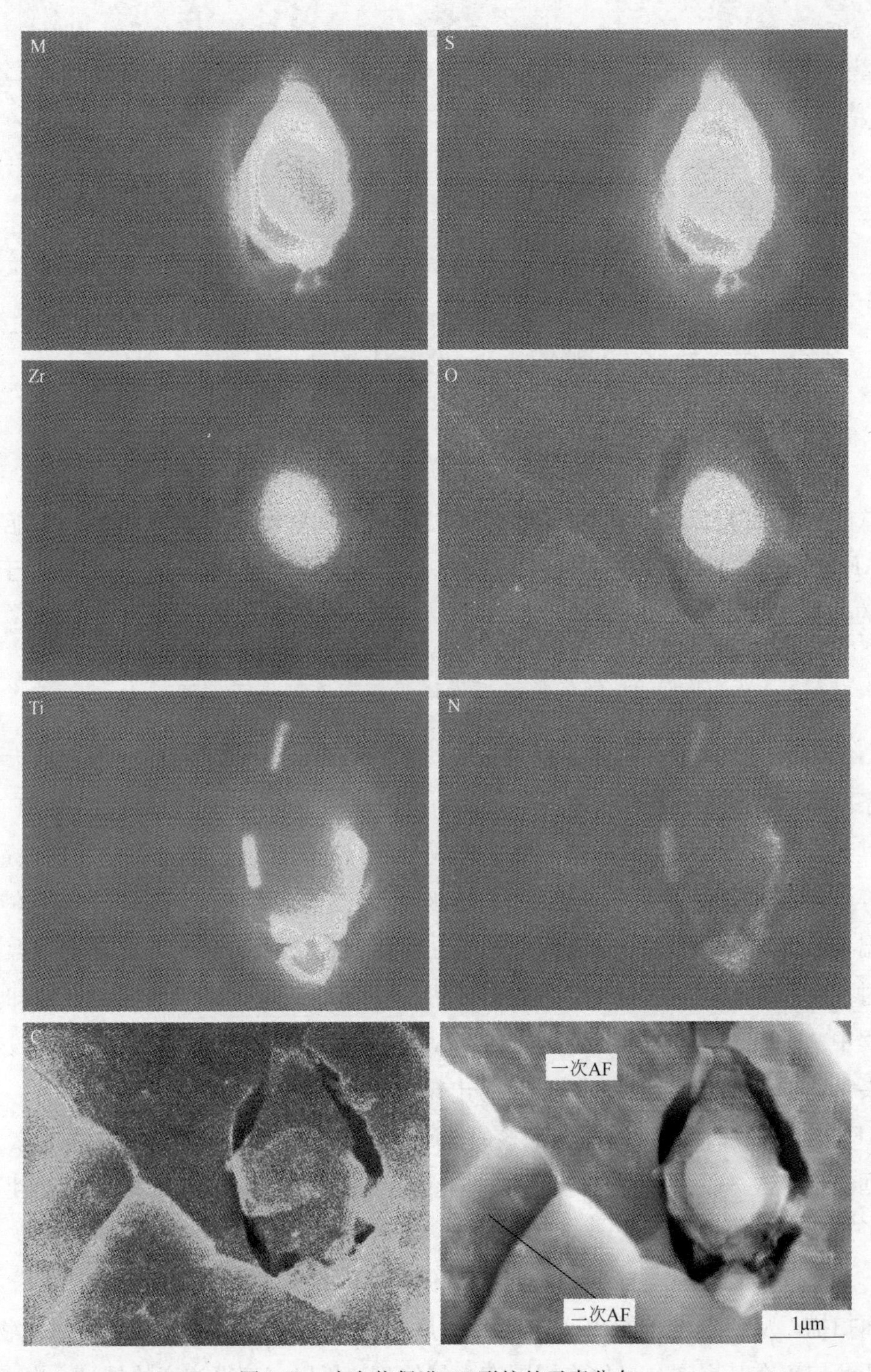

图 2-50 夹杂物促进 AF 形核的元素分布

在夹杂物周围形成，二次 AF 在一次 AF 上形核并长大，根据对碳元素的扫描结果可以看出，在一次 AF 和二次 AF 周围碳元素含量明显比 AF 内部多，这是由于 AF 在相变过程中要向周围排碳而达到系统的稳定；在一次 AF 与二次 AF 的界面碳元素有着明显的起伏。因此，可以假设一次 AF 界面上碳浓度的波动为二次 AF 在一次 AF 上感生形核提供了驱动力，促进了二次 AF 在其上形核并长大。

图 2-51 是在透射电子显微镜下观察的一次 AF 和二次 AF 的透射照片。从图中可以看出，二次 AF 在一次 AF 的界面形核长大，在一次 AF 与二次 AF 界面处发现有大量的位错出现，这些大量的位错可以为碳的扩散提供通道，加速碳的扩散。在相变发生初期，一次 AF 首先在夹杂物上形核并长大，在随后的相变过程中，由于一次 AF 上面存在大量的位错提供了碳扩散的通道，加速了界面周围碳的扩散，造成了一次 AF 界面碳浓度梯度，为二次 AF 在其界面形核提供了驱动力。

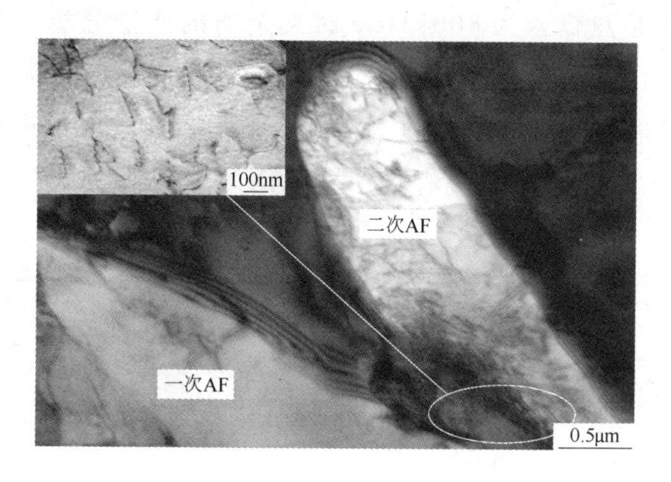

图 2-51 在一次 AF 上生长的二次 AF 的透射照片

图 2-52 是热输入为 800kJ/cm 时 TiN 在氧化物表面上析出促进 AF 形核照片。从图中可以看出，在二次电子相下，可以观察到 4 个明显的晶内 AF 在夹杂物周围形核并长大，在一次 AF 周围伴随有二次 AF 的形成，如图 2-52a 所示；在背散射图像下，对促进 AF 形核的夹杂物进一步观察中发现，该夹杂物并非单一的夹杂物，而是复合夹杂，如图 2-52b 所示。

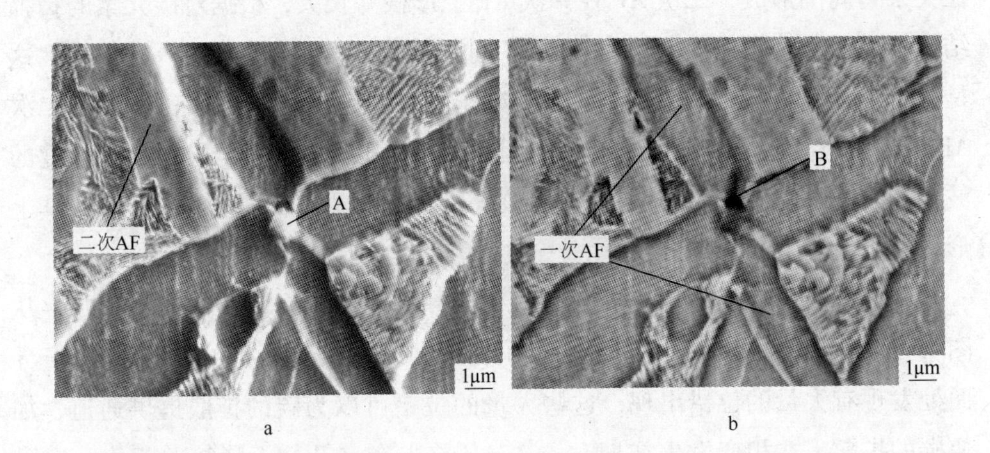

图 2-52 热输入为 800kJ/cm 时 TiN 在氧化物表面上析出促进 AF 形核

a—二次电子像；b—背散射像

图 2-53 是热输入为 800kJ/cm 时夹杂物的能谱分析。从图中可以看出，该复合夹杂物主要有两部分构成，一部分是呈正方体形状的 TiN 和 Zr 的氧化物并含有少量 MnS。若不是在背散射下进行观察，很难发现该夹杂物为复合夹杂，容易误认为是单纯的 TiN 夹杂，如图 2-52b所示。

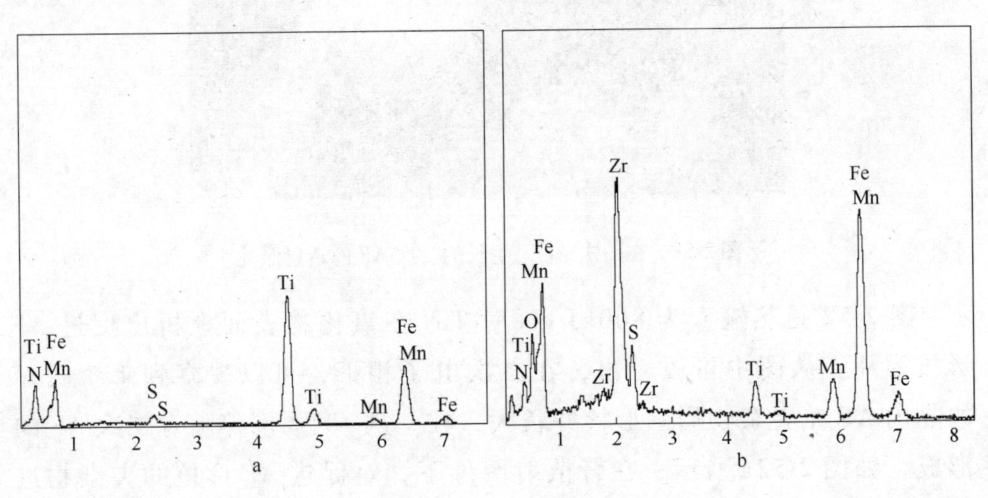

图 2-53 热输入为 800kJ/cm 时夹杂物的能谱分析

a—A 区域；b—B 区域

图 2-54 是热输入为 800kJ/cm 时在夹杂物上 AF 形核和析出物的形貌与能谱。从图中可以看出，有 3 个明显的 AF 在夹杂物的周围形核并长大，如图 2-54a 所示；对在 AF 上细小的析出物放大观察并进行能谱分析可知，细小的 TiN 在 AF 内部，尺寸小于 100nm，如图 2-54b 所示。实验钢在经过大热输入焊接热循环过程中，在加热阶段钢中 TiN 粒子在高温时熔解，当冷却过程中，热输入为 800kJ/cm 时，冷却速度较慢，TiN 粒子又再次析出，与图 2-52 中所观察到的 TiN 不同的是，该 TiN 粒子独立存在且尺寸较小。根据 Bramfitt 对非金属夹杂物与铁素体之间的错配度计算表明，TiN 与铁素体的错配度较低为 3.9%，说明 TiN 非常容易促进 AF 形核，但是从图 2-54 和图 2-52 的结果可以看出，过于细小的 TiN 并不能有效地促进 AF 的形核，而相对较大的 TiN 可以有效地促进 AF 的形核。因此，基于本实验的结果可知，低界面能机理过分强调了有效促进 AF 形核的夹杂物类型，而忽略了夹杂物的大小。

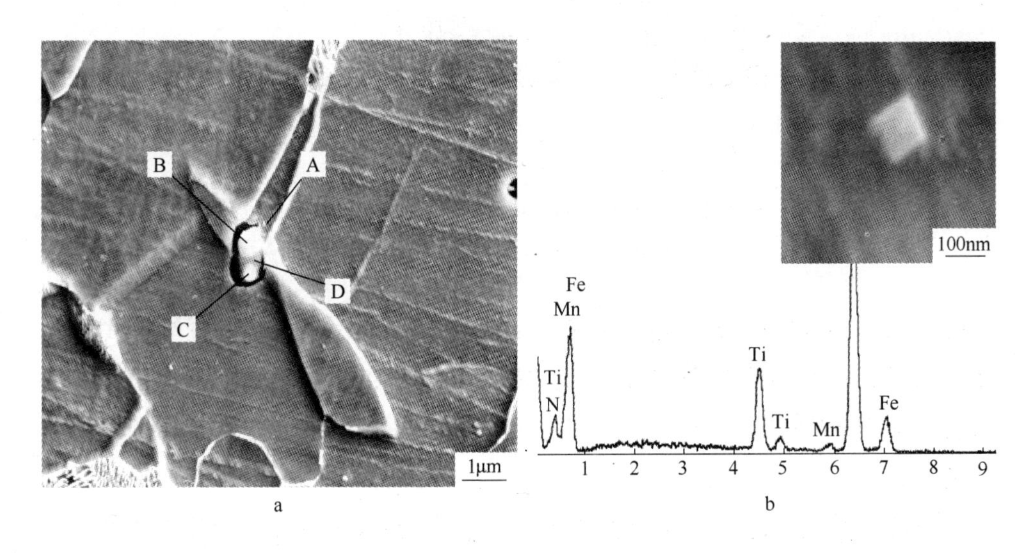

图 2-54　热输入为 800kJ/cm 时在夹杂物上 AF 形核和析出物的形貌与能谱

图 2-55 为对图 2-54a 中促进 AF 形核夹杂物不同位置的能谱分析。从图中可以看出，该夹杂物是由两个 Zr 的氧化物中间夹杂着 MnS 构成的复合夹杂物。在该复合夹杂物上并没有发现有 TiN 的存在。

图 2-56 为热输入为 400kJ/cm 时促进 AF 形核的夹杂物化学元素分布。

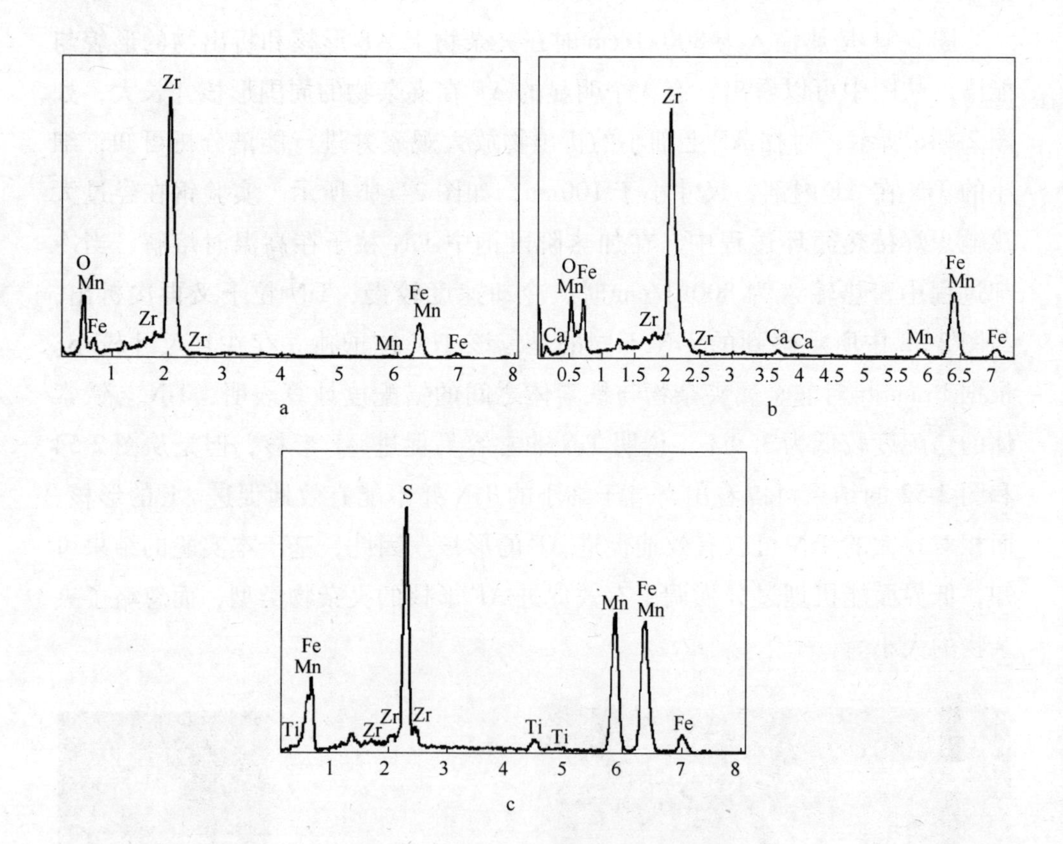

图 2-55 热输入为 800kJ/cm 时夹杂物的能谱分析

a—B 区域；b—C 区域；c—D 区域

从图中可以看出，该夹杂物中心主要是由 Zr 的氧化物构成，顶端有少量的 MnS 形成，少量的 TiN 在 Zr 的氧化物上析出，该复合夹杂物大小在 1μm 左右，有 4 个 AF 分别为 AF-1、AF-2、AF-3 和 AF-4 在该复合夹杂物周围形核并长大。

值得注意的是，在复合夹杂物附近形核的 AF-3 与元素面扫描中 TiN 的位置相对应，因此，AF-3 的形成可以用低界面能机理对 AF 的形成进行解释，但是，AF-1、AF-2 和 AF-4 没有与 TiN 接触，与 TiN 没有关系，显然，在复合夹杂物附近形核的 AF-1、AF-2 和 AF-4 用低界面能机理解释不了。因此，低界面能机理并不是夹杂物促进 AF 形核的主要机理。

根据本实验的结果可知，能够促进 AF 形核的复合夹杂物主要是 Zr 的氧化物夹杂。由于 Mn 元素是奥氏体稳定元素，钢中 Mn 的浓度（mass）降低

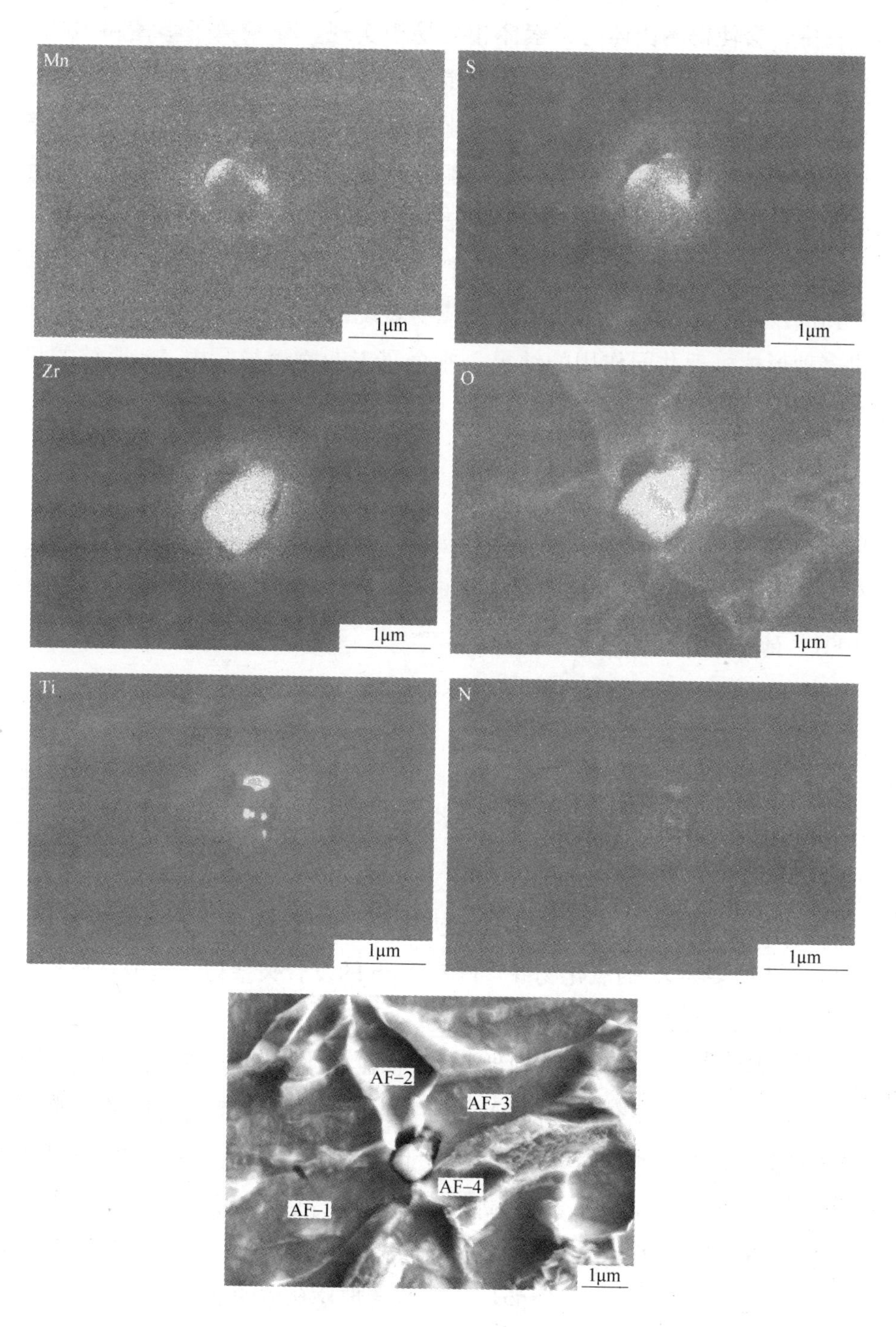

图 2-56 热输入为 400kJ/cm 时促进 AF 形核的夹杂物化学元素分布

1%，奥氏体向铁素体的相变温度就会上升50K。这种锰贫瘠区的形成，在冷却过程中，会使得奥氏体向铁素体相变易于实现。Zr的离子半径和Mn的离子半径很接近，Zr的氧化物能够从周围的基体中吸收锰原子，构成氧化物夹杂粒子周围Mn的贫瘠区，使得Zr氧化物周围的局部区域A_3温度上升，增加了铁素体相变的驱动力。本实验中，能够有效促进AF形核的夹杂物均为Zr的氧化物伴随着MnS的复合夹杂物，表现为Mn贫瘠区形核特征。

总之，晶内AF形核机理不仅与非金属夹杂物的性质有关，还与非金属夹杂物的尺寸有关。不同的非金属夹杂物表现出不同的形核机理，也可能表现出多种形核机理共同作用的结果。非金属夹杂物诱导晶内AF形核的机理还有待深入研究。

2.3.3.5 小结

（1）采用新工艺在钢中添加适量的Zr，使钢中形成含Zr氧化物的复合夹杂物，经100～1000kJ/cm的大热输入焊接热循环后，－20℃平均冲击功值大于100J，具有良好的低温冲击韧性。

（2）焊接热循环后的金相组织主要为晶界处的沿着晶界生长的晶界铁素体组织，晶内有大量的细小相互交错，呈十字交叉的针状铁素体组织。随着焊接热输入的增加，原奥氏体晶粒尺寸增加，晶界铁素体与晶内多边形铁素体的尺寸增大。晶界处形成的AF可以有效地阻止侧板条铁素体组织（SPF）的形成。

（3）细小的针状铁素体多在复合夹杂物周围形核并长大，促进晶内AF形核的夹杂物多为Zr的氧化物并伴随有MnS的复合夹杂物，这种复合夹杂物均以Zr氧化物为核心而构成复合夹杂物。

（4）焊接热影响区的冲击韧性与晶内AF的数量有着直接的关系，而晶内AF的形成不仅与夹杂物的类型、尺寸和分布有关，而且与原始奥氏体晶粒尺寸有关。适当地增大奥氏体晶粒尺寸有助于促进晶内AF的形成。奥氏体晶粒尺寸的增加，减少了奥氏体晶界的面积，减少了晶界铁素体潜在的形核位置，有利于相变向晶内偏移，有益于晶内的AF在夹杂物上形核并长大。一次AF和二次AF对阻止裂纹的扩展。改善焊接热影响区的韧性起了主要的作用。

2.3.4 稀土添加钢的基础研究

稀土是一种具有战略意义的资源。稀土中 Ce 的氧化物、硫化物或氧硫化物均是热稳定性好的高熔点夹杂物，对大热输入焊接 HAZ 区域中针状铁素体的形成有显著的促进作用，故稀土中的 Ce 是大热输入焊接用钢研究的重点元素之一。但是，向钢中添加稀土常会发生堵水口现象。如从大热输入焊接角度考虑更需要精确控制，不仅仅是控制添加稀土的量，还要控制稀土类夹杂物的数量及尺寸，否则会影响钢液的纯净度，反而会产生不利影响。

2.3.4.1 含稀土钢中夹杂物的类型及尺寸

Ce 加入钢中，会与钢中的 O 发生反应，其结果会影响钢中其他相 M_xN_y 的析出。图 2-57 表示钢中 Ce 的质量分数在 0.01% 以下变化时对相含量的影响。由图可知，Ce 加入量在 10×10^{-6} 左右，将使钢中相形成突变，Ce 含量低于次临界量时，钢中存在 $Al_2O_3\cdot CaO$ 和 $MnTiO_3$ 相，Ce 含量达到或超过次临界量时，钢中将产生 $CaTiO_3$ 和 $AlCeO_3$ 新相，且随着 Ce 含量在 10×10^{-6} ~

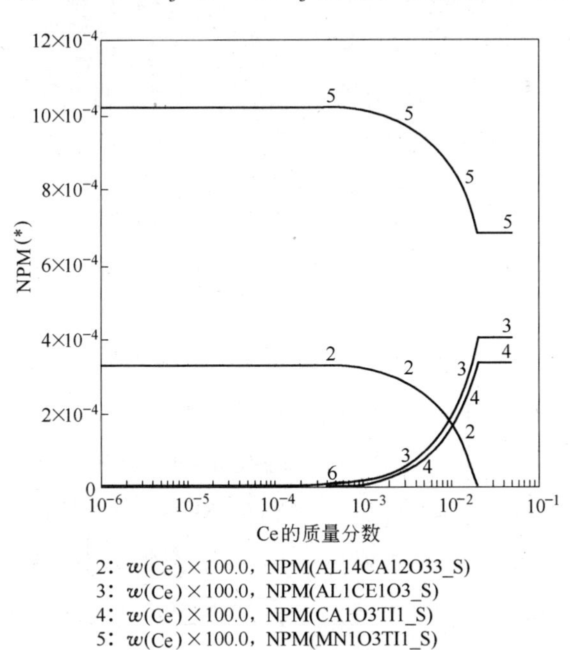

图 2-57 稀土铈含量对相含量的影响

200×10^{-6}范围内增加，$CaTiO_3$ 和 $AlCeO_3$ 相的含量也不断增加。

实验用钢采用真空感应炉炼制，实验钢的化学成分如表 2-12 所示。采用 TMCP 工艺轧制成 18mm 厚度的钢板，其力学性能如表 2-13 所示，轧态金相组织为细小的等轴状铁素体和针状铁素体及少量珠光体组织，如图 2-58 所示。

表 2-12　实验钢化学成分（质量,%）

C	Si	Mn	P	S	RE
0.09	0.25	1.45	0.008	0.004	适　量

表 2-13　实验钢的力学性能

R_{eL}/MPa	R_m/MPa	δ/%	A_{KV}(−20℃)/J
395	517	26	295

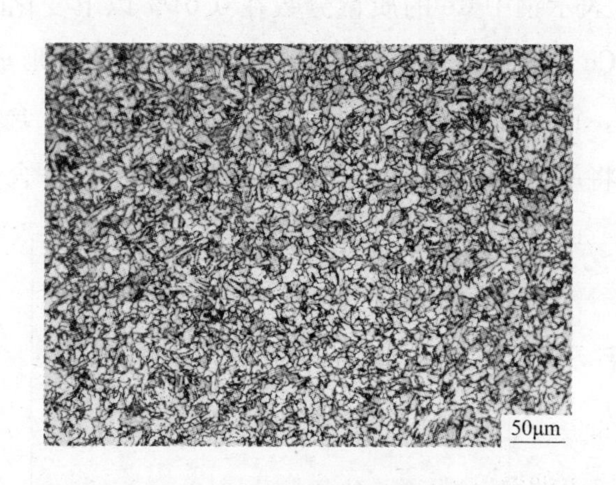

图 2-58　实验钢显微组织

铸态组织中夹杂物尺寸为 0.3～2μm 的夹杂物体积分数为 94% 以上，对钢中尺寸小于 1μm 的夹杂物进行 TEM 分析的结果如图 2-59a、b 所示。图 2-59a中的夹杂物为 TiN-MnS 类型复合的夹杂物，其中 TiN 的尺寸为 370nm，MnS 的尺寸为 160nm；图 2-59b 的夹杂物为 Al_2O_3-TiO_x-MnS-Ca(O,S)-Ce_x(O,S)类型，尺寸分别为 400nm 和 300nm，足见夹杂物类型的复杂化。

关于钢中的 MnS 夹杂物的析出，如图 2-59a、b 所示。钢液中的 TiN 或 Al、Ti、Ce 等氧化物或复合化物首先结晶析出，温度降低到 1400℃时开始析出 MnS，并以先析出的氮化物或氧化物或复合化物为核析出，析出的 MnS 数

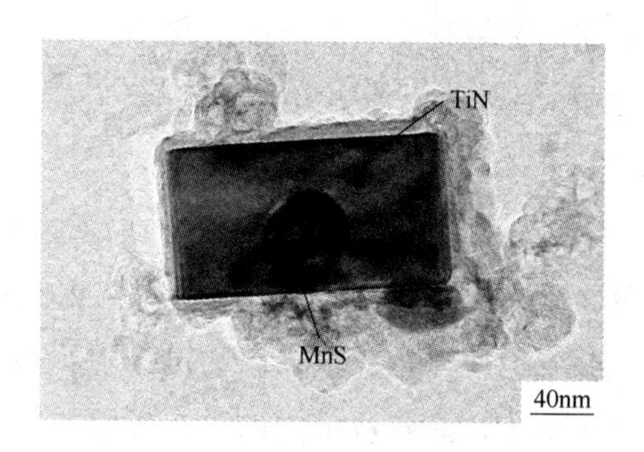

a

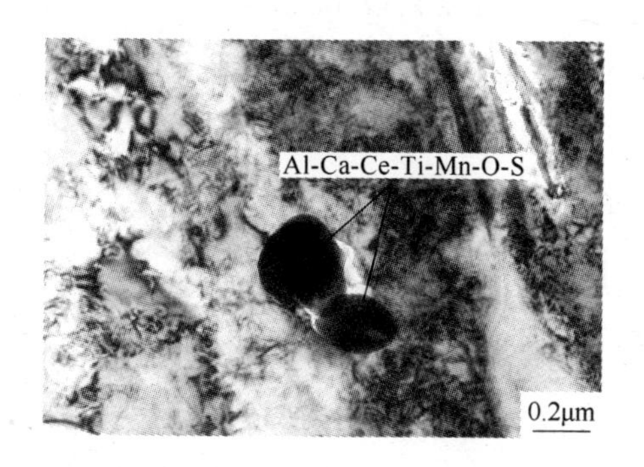

b

图 2-59 钢中小尺寸夹杂物 TEM 像

a—TiN-MnS 夹杂；b—Al_2O_3-TiO_x-MnS-Ca(O,S)-Ce_x(O,S)

量、尺寸与钢中的氮化物或氧化物或复合化物的数量与尺寸有正比例关系。在焊接热循环过程中能够在复合夹杂物周围或 γ 铁中形成贫锰区，使 A_3 温度上升而促进铁素体形核。MnS 的析出与钢中的 S、P 含量与分布及冷却速度有关，随着 S 含量的增加，MnS 的数量和体积分数均有所增加，在 S 含量达到一定数值后，随 S 含量的增加而减少。随着冷却速度的增加，MnS 的数量增加，并根据 P 的偏析程度不同而呈现数量的变化。钢中添加的 Ce 能够影响 MnS 的开始析出温度，Ce 含量在$(10 \sim 100) \times 10^{-6}$范围内，MnS 的开始析出温度上升，且在钢中析出分散；Ce 含量$\geqslant 100 \times 10^{-6}$时，MnS 的开始析出温度下降，析出量也随着减少。

由于钢中的 MnS 对大热输入焊接 HAZ 韧性有较大影响，所以控制 MnS 的析出尤为重要。钢中添加的合金元素类型、冶炼过程控制先形成的氮化物、氧化物或复合化物的细小弥散程度、杂质元素含量与分布状态、稀土元素的特殊影响、凝固过程的冷却速度等，均会对 MnS 的最终形态与尺寸产生影响。

对于图 2-59b 中的 $Ce_x(O,S)$ 的形成，是由于在钢中添加少量稀土元素或添加含有稀土的合金而形成的。钢中的稀土能够与氧或硫形成高熔点化合物，这种高熔点硫化物的形成也使钢中其他夹杂物的熔点提高，且在钢液凝固过程中析出得较早，因而位于枝晶各枝干之内，有效缓解铸坯或铸锭中硫的偏析。如果钢中不存在稀土，则硫会以低熔点化合物析出于枝晶各枝干之间或晶粒的边界上。稀土对钢的影响与钢中的 Mn/S 的值有关，若 Mn/S 的值较大，则稀土的作用就会减弱。由于稀土与钢中的氧、硫、磷、氢、砷具有较大的亲和力，可以有效降低这些元素的有害作用，同时能够细化晶粒，提高钢材的综合性能。稀土中铈（Ce）的含量最高，Ce 与 O、S 形成的化合物具有很高的熔点，如 CeO_2 为 1930℃；Ce_2O_3 为 1690℃；Ce_3O_4 为 2450℃；CeS 为 2000～2200℃；Ce_2S_3 为 2450℃。这些高熔点夹杂物在大热输入焊接过程中不会发生溶解，能够成为铁素体的有效形核质点，有益于提高 HAZ 韧性。但是，利用稀土形成的夹杂物作为形核质点，必须要选择合理的添加时机及添加方式，并精确控制钢中稀土的含量。

2.3.4.2 热输入对焊接粗晶热影响区韧性的影响

实验钢的大热输入焊接热模拟结果如表 2-14 所示，其金相组织如图 2-60所示。由表 2-14 和图 2-60 可知：试验钢在焊接热输入为 100～750kJ/cm 的范围内均呈现出良好的冲击韧性，其金相组织为大量晶内针状铁素体+少量晶内多边形铁素体+晶界块状铁素体。在此条件下，随着焊接热输入的增加，-20℃冲击功呈下降趋势，但下降幅度不大，即使热输入达到 750kJ/cm 时，其冲击功值仍高于母材冲击功值的 2/3。这是由于钢中形成大量尺寸为0.3～2.0μm 的复合夹杂物，这类夹杂物促进 CGHAZ 区域形成大量细小针状铁素体，这些针状亚结构组织非常细长，长轴取向不一，互呈一定角度的交角，将粗大的晶粒分割为体积狭小的亚单元，提高了抵抗裂纹扩展传播的能力。

表 2-14 焊接热模拟结果

热输入/$kJ \cdot cm^{-1}$	峰值温度/℃	$t_{8/5}$/s	平均 A_{KV}(-20℃)/J
100	1400	137	273
200		254	269
400		355	257
450		446	218
600		550	201
750		632	193

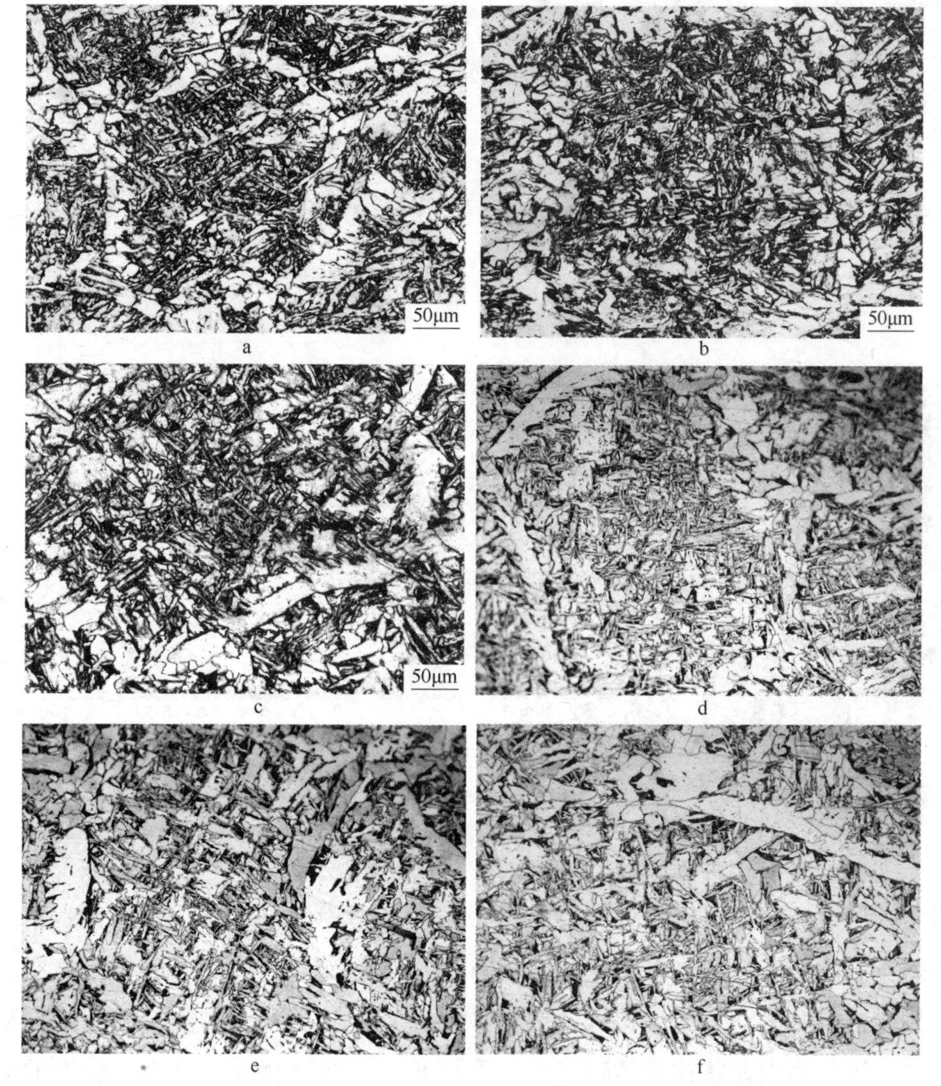

图 2-60 不同热输入焊接热循环下粗晶热影响区组织

a—100kJ/cm；b—200kJ/cm；c—400kJ/cm；d—450kJ/cm；e—600kJ/cm；f—750kJ/cm

热输入为400kJ/cm试样的冲击断口为韧性断裂，其形貌与夹杂物能谱如图2-61所示，金相试样腐蚀后的SEM形貌与夹杂物能谱如图2-62所示。由图2-62可见，钢中夹杂物均为含Ce的复合夹杂物，且以此夹杂物为核形成细小针状铁素体。

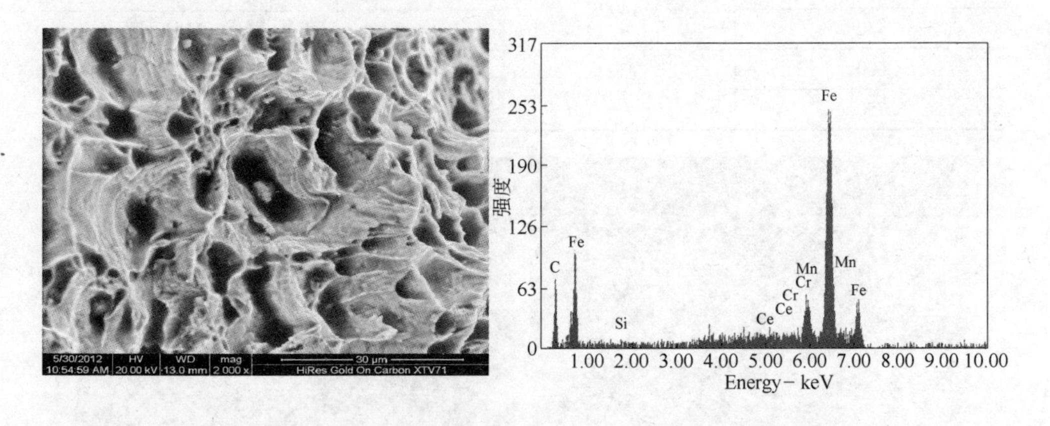

图2-61 -20℃冲击断口扫描图

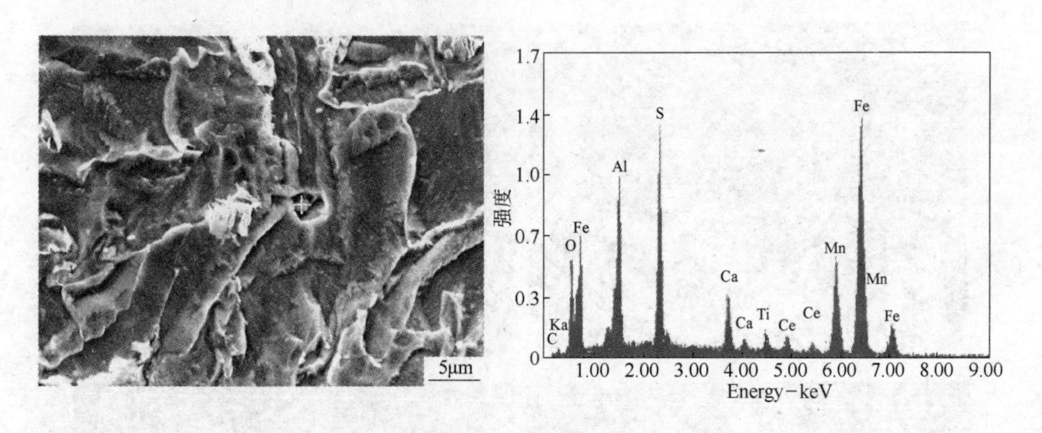

图2-62 金相组织扫描及夹杂物能谱图

夹杂物是由多种不同的物相组成，且每一相又具有不同的表面能。一般说来，熔点越高，表面能越大，而实验钢中夹杂物的组成相几乎都具有很高的熔点。因此，夹杂物表面往往会具有几个高表面能的区域，即一个夹杂物往往会提供几个适宜的形核区，使得IAF在夹杂物的几个高能量表面上形核长大。这种晶内针状铁素体较稳定，不易长大，具有优良的韧性、较大的应变和位错密度，且交错排列，可以抑制焊接粗晶热影响区晶粒粗化和阻止裂纹扩展，提高 HAZ 强韧性。针状铁素体是体心立方结构，是晶内铁素体的一种，是一种热力学非平衡组织，其转变是在稍高于贝氏体转变温度区间的温度下，以切变和扩散的混合方式转变而成的非等轴铁素体相。因此，可把针状铁素体钢看做是低碳贝氏体钢的延伸，其实质是晶内形核的贝氏体铁素体，有国外学者称这种针状铁素体组织为第三类贝氏体。

试验钢焊接前后的硬度变化如表 2-15 所示。由表 2-15 可见，试验钢 TMCP 态的钢板硬度为 154HV，在焊接热循环后，硬度提高了 10%左右，400kJ/cm 热输入条件下，硬度值为 174HV，远低于国际焊接学会提出的具有焊接冷裂纹倾向的临界维氏硬度值 HV350 的水平，这表明试验钢具有良好的焊接抗冷裂性能。在室温下进行焊接，焊接冷裂纹倾向小，可以不进行焊前预热或焊后热处理，具有良好的工业应用价值。

表 2-15 实验钢宏观硬度（HV）

不同热输入焊后硬度			
母 材	100kJ/cm	200kJ/cm	400kJ/cm
154	173	170	174

2.3.4.3 小结

采用新工艺添加稀土，钢中形成大量 0.3 ~ 2.0μm 的复合夹杂物，这类夹杂物促进 CGHAZ 区域形成大量细小针状铁素体，在钢板的焊接热输入达到 750kJ/cm 时，其冲击功值仍高于母材冲击功值的 2/3，达到 190J 的较高水平。

3 大热输入焊接用钢的研发及工业应用

3.1 原油储罐用钢板

随着国家战略石油储备工程的三个建设周期及民用石油储备工程的不断推进，国内10万立方米石油储罐用钢板已经改变了完全依赖日本进口的局面，但15万立方米及以上的储油罐钢板仍然存在生产瓶颈。目前日本国内建造的大型石油储罐已经不使用出口到中国的这种焊接热输入为100kJ/cm的钢板，而是采用能够承受焊接热输入量达400kJ/cm的钢板，在保证储罐整体安全性能的前提下，最大限度地缩短了施工周期并大幅度降低施工成本。而国产石油储罐钢板从2010年至今，已经取得100kJ/cm认证的十余家钢厂中，仅有少数两、三家钢厂在持续供货。所以，将实验室研究开发的成果应用于工业生产实践，在目前国产原油储罐用钢产品质量的基础上，将国产储油罐钢板的焊接热输入提高到200kJ/cm以上，除可以满足15万立方米及以上储油罐钢板的使用要求以外，还有望将现有10万立方米石油储罐制造中的双面两道次X型焊接改变为单面单道次V型焊接，显著提高焊接施工效率，具有深远的经济效益和社会效益。

3.1.1 试制钢坯料化学成分

采用实验室研究开发的新工艺在湘钢工业生产条件下实现的储油罐试制钢的化学成分范围如表3-1所示。

表3-1 试制钢的化学成分（质量分数,%）

元素	C	Si	Mn	P	S	Mo	Ni	V	Nb	Ti	Alt
内控	0.07 ~ 0.10	0.20 ~ 0.30	1.40 ~ 1.60	<0.010	0.001 ~ 0.005	0.09 ~ 0.15	0.15 ~ 0.25	0.020 ~ 0.040	0.015 ~ 0.030	0.010 ~ 0.020	0.015 ~ 0.035

3.1.2 生产线热处理结果

取轧态12mm、27mm、32mm和40mm规格的钢板，在湘钢宽厚板一线热处理炉对石油储罐钢板进行了现场热处理，热处理工艺参数：淬火温度为940℃，保温时间为20min；回火温度为650℃，保温时间为35min。任选6块钢板测试力学性能，其试验结果如表3-2所示。

表3-2 热处理后钢板力学性能

钢板号	规格/mm	R_{eL}/MPa	R_m/MPa	A/%	A_{KV}(-20℃)/J		
0B02285100	27	590	655	27	337	286	323
0B02210100	27	590	655	27	321	336	294
0B02209100	27	590	660	26	315	323	327
0B02284100	32	610	675	27	293	299	292
0B02283100	32	535	615	29	291	286	276
0B08104100	40	580	655	25	302	309	330

由表3-2可见，两炉钢板的强度及冲击性能都能满足国标要求及客户要求，并具有较大的富余量。典型调质态金相组织如图3-1所示(0B08104100)。图3-1中的组织均为回火索氏体，其中1/4厚度处可见少量带状组织，钢板中心部位的带状组织也不明显。

3.1.3 焊接热模拟试验结果

选取32mm钢板加工成焊接热模拟试样进行实验。所选钢板调质态力学性能如表3-3所示。由表3-3可见：钢板的屈服强度、抗拉强度、延伸率、冲击功值均符合国家标准要求，并具有较高的富余量，各项性能表现出优良的匹配，同时，屈强比也符合小于0.9的用户要求。

表3-3 钢板力学性能

制造命令号	钢板号	板厚/mm	R_{eL}/MPa	R_m/MPa	YR	A/%	A_{KV}(-20℃)/J
A011202	0B04252200	32	560	645	0.87	25	278

焊接热模拟结果如表3-4所示。由表3-4可见：试制钢的大热输入焊接热模拟后的性能非常好，当模拟焊接热输入达到400kJ/cm时，焊接热影响区的-15℃冲击功可达到193.5J的高均值，说明其具有很好的低温冲击韧性，

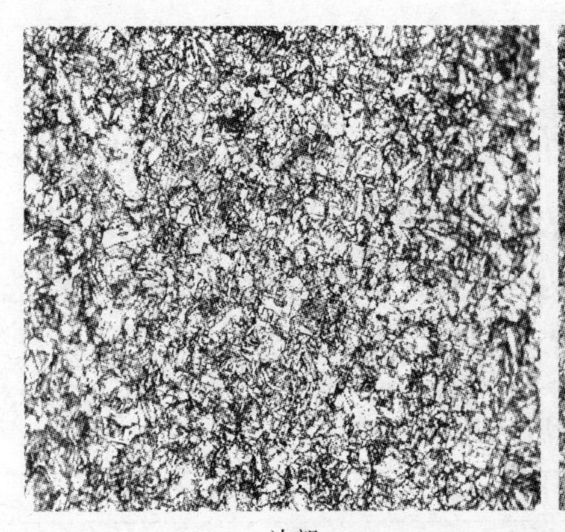

边部

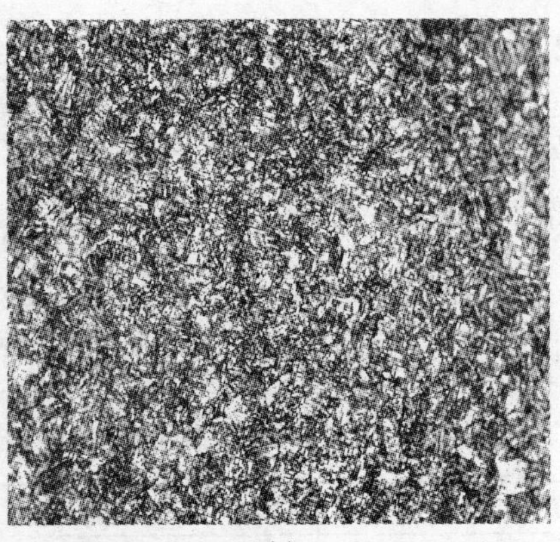

1/4厚度

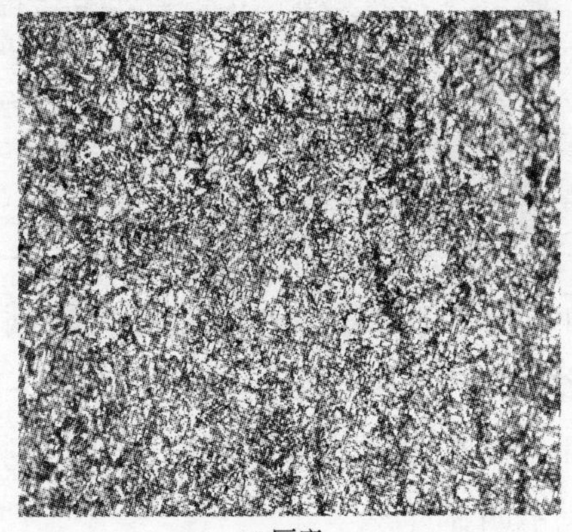

1/2厚度

图 3-1 试制钢板金相组织（200×）

焊接热影响区金相组织如图 3-2 所示。

表 3-4 焊接热模拟结果

制造命令号	钢板号	板厚/mm	模拟热输入/$kJ \cdot cm^{-1}$	峰值温度/℃	停留时间/s	$t_{8/5}$/s	A_{KV}(−15℃)/J			平均/J
A011202	0B04252200	32	100	1300	1	138	172.9	121.4	201.2	165.2
			125	1300	1	215	217.2	218.1	189.8	208.4
			400	1400	3	326	204.7	231.3	144.6	193.5
							174.3	152.1	183.2	170.2

由图 3-2 可见：试制钢板经焊接热输入 400kJ/cm，峰值温度 1400℃焊接热模拟后，其金相组织为先共析铁素体、晶内针状铁素体、少量珠光体，无贝氏体组织。其中先共析铁素体在原奥氏体晶界处呈多边形块状分布，不同于传统钢的板条状分布；且晶内针状铁素体面积分数大于 80%，形态相互交

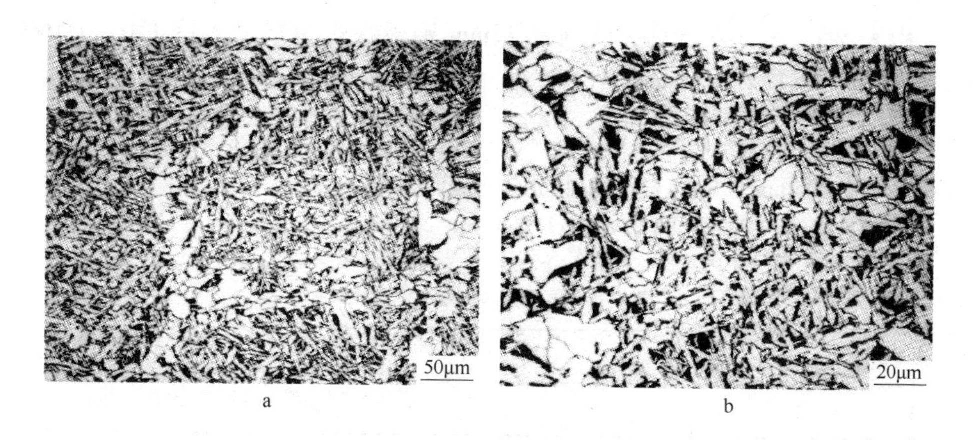

图 3-2 焊接热模拟金相组织

a—200×；b—500×

错，这种细化组织能够有效阻碍裂纹的形成与扩展，显著提高焊接热影响区的韧性，尤其是提高焊接熔合线处的低温韧性。这说明采用实验室研究开发的氧化物冶金新工艺在湘钢的工业实践获得了理想的效果。

3.1.4 气电立焊实验结果

选取调质态 32mm 厚度钢板，加工成单 V 形坡口，单面坡口 16°，组对间隙 5～6mm，采用自动气电立焊机进行焊接。焊接工艺参数如表 3-5 所示。冲击功值如表 3-6 所示。

表 3-5 气电立焊焊接工艺参数

焊接电流/A	焊接电压/V	焊接长度/cm	焊接时间/s	焊接热输入/kJ·cm^{-1}
420～430	43～44	49	494	179～190
420～430	43～44	50	505	182～191

表 3-6 焊接接头冲击试验结果

制造命令号	钢板号	厚度/mm	缺口位置	A_{KV}(-20℃)/J	平均/J
A105306	1618346100	32	WM	79，87，95	87
			FL	76，123，90	96
			HAZ	150，142，140	144
A105307	1618184100	32	WM	88，90，93	90
			FL	106，97，95	99
			HAZ	208，217，229	218

由表3-5、表3-6可见：试制钢32mm钢板在焊接热输入达170~190kJ/cm左右时，仍具有良好的-20℃低温冲击韧性。

选取调质态40mm厚度钢板，加工成V形坡口焊接试板，单面坡口12°，组对间隙5~6mm，采用自动气电立焊机进行焊接。焊接工艺参数如表3-7所示，冲击功值如表3-8所示。

表3-7 气电立焊焊接工艺参数

焊接电流/A	焊接电压/V	焊接长度/cm	焊接时间/s	焊接热输入/kJ·cm⁻¹
380~390	43~44	58	680	196~201

表3-8 焊接接头冲击试验结果

制造命令号	钢板号	厚度/mm	缺口位置	A_{KV}(-40℃)/J			平均/J
A011202	0B08104100	40	WM	118	120	125	121
			FL	100	90	101	97
			HAZ	156	173	175	168

由表3-7、表3-8可见：试制钢40mm钢板在焊接热输入达200kJ/cm左右时，仍具有良好的-40℃低温冲击韧性。焊接接头金相组织如图3-3所示。由图3-3中可见明显的熔合线形状，母材靠近熔合线部位的金相组织为多边形铁素体+针状铁素体+粒状贝氏体，典型的针状铁素体组织清晰可见。靠

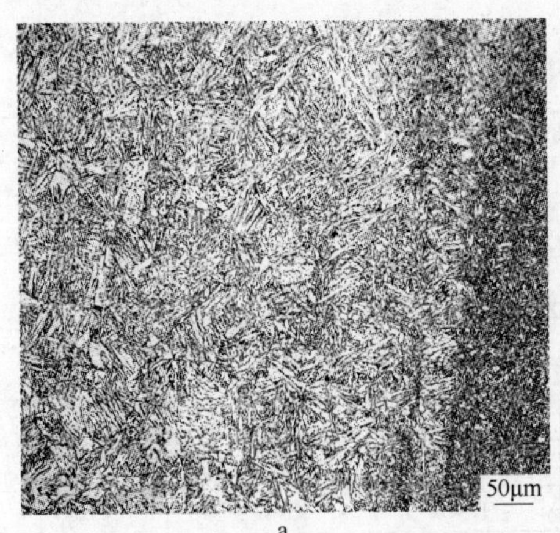

a

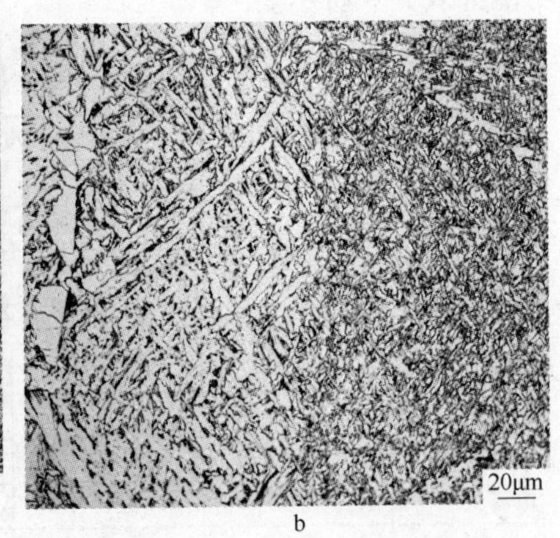

b

图3-3 焊接接头金相组织

a—200×；b—500×

近熔合线的粗晶热影响区部位，原奥氏体晶粒平均尺寸在100μm以下，其组织主要为粒状贝氏体+针状铁素体，两个区域均显示出比传统钢更加细化的组织，具有良好的低温冲击韧性。

3.1.5 夹杂物分析

取32mm厚度调质态钢板抛光试样，利用扫描电子显微镜进行夹杂物分析。任选连续40个视场，以1000倍率统计夹杂物数量，结果如表3-9所示。由表3-9可见：尺寸小于5μm的夹杂物数量平均每个视场为4.58个，而尺寸大于5μm的夹杂物数量平均每个视场为0.15个。试制钢小尺寸夹杂物的数量，约为传统钢的3倍，大尺寸夹杂物约为传统钢的2/5，说明本次所采用的氧化物冶金工艺有利于减少大尺寸夹杂物的形成，促成夹杂物的细小弥散分布。

表3-9 夹杂物SEM统计结果

夹杂物尺寸/μm	视场/个	夹杂物合计/个	平均值/个·视场$^{-1}$
0.2~5	40	183	4.58
≥5	40	6	0.15

典型夹杂物电镜分析结果如图3-4所示。图3-4所示的夹杂物尺寸为3μm，其组成为：中心部位为Al_2O_3-CaO，其外层下方与左侧为Ti-O，上侧为MnS。由于在γ铁中Mn的扩散速度小于S的扩散速度，会在外层MnS周围形成一定的贫锰区，使A_3温度上升，促进α铁在MnS晶界处形核，说明本次采用氧化物冶金工艺所生成的复合夹杂物有益于晶内针状铁素体的形核。

3.1.6 小结

（1）实验室研究开发的氧化物冶金新工艺在大工业生产条件下获得圆满实现，且试制钢的合金成本比传统钢降低约每吨钢300元。

（2）试制钢板的各项力学性能达到国家相关标准要求，大热输入焊接性能良好，模拟焊接热输入可达到400kJ/cm。

（3）试制钢板经228kJ/cm气电立焊焊接后，熔合线和热影响区均呈现良好的低温冲击韧性；试制钢板经中石化第十建设公司按照15万立储罐的焊接技术要求进行焊接实验，全部钢板均耐受大于145kJ/cm的大热输入焊接；目

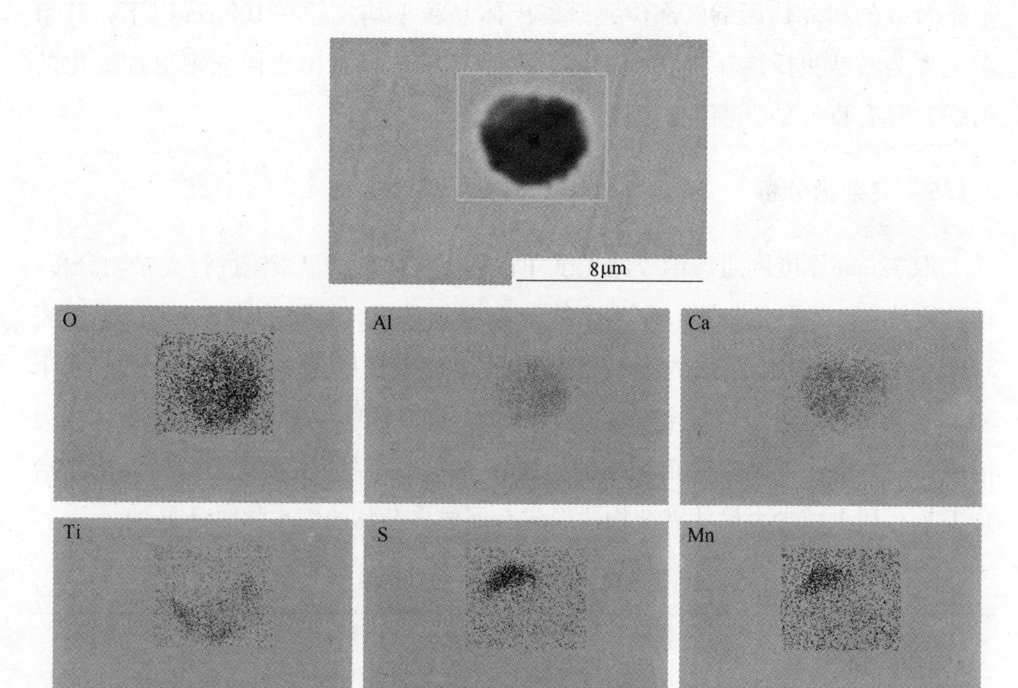

图 3-4 尺寸小于 5μm 的夹杂物面扫描结果

前已为国家战略石油储备工程实现了批量供货。

（4）储油罐钢板研发过程中所形成的“基于氧化物冶金的焊接热影响区组织控制技术”于 2012 年 10 月通过湖南省科技厅组织的科技鉴定；获 2013 年度冶金科学技术奖二等奖。

3.2 造船用钢板

采用实验室研究开发的氧化物冶金新工艺，在湘钢 5000mm 宽厚板生产线上，以 TMCP 态 EH36 和 EH40 船板钢为对象成功地进行了工业试制。新工艺生产的船板钢具有更高的大热输入焊接性能。

3.2.1 试制钢坯料化学成分

大热输入焊接用船板钢的铸坯成分如表 3-10 所示，本成分设计符合国标及九国船级社规范。

表 3-10 试制钢化学成分（质量分数,%）

C	Si	Mn	P	S	Ni	Nb	Ti	Al
0.08	0.23	1.55	0.011	0.002	0.18	0.025	0.013	0.025

3.2.2 钢板力学性能

采用 TMCP 工艺轧制 40mm、70mm 厚度规格钢板，其板形良好，力学性能指标均达到预定目标。钢板力学性能分别如表 3-11、表 3-12 所示。

表 3-11 40mm 试制钢力学性能

供货状态	R_{eL} /MPa	R_m /MPa	A_{50}/%	A_{KV}(−40℃)/J						Z 向拉伸		
				钢板表面		钢板 1/4 处		钢板 1/2 处				
				横向	纵向	横向	纵向	横向	纵向			
TMCP	458	535	25.4	279	272	275	279	273	278	81.6	83.17	79.4
	467	528	25.3	270	283	268	275	267	273	81.4	84.01	82.9

表 3-12 70mm 试制钢力学性能

供货状态	R_{eL} /MPa	R_m /MPa	A_{50}/%	A_{KV}(−40℃)/J 横向			Z 向拉伸			应变时效(−40℃)/J		
				表面	1/4	1/2						
TMCP	431	528	31.2	263	294	268	68.5	71.7	72.9	251	294	246
	437	524	32.1	256	300	338	68.6	69.3	68.3	278	238	274

由表 3-11、表 3-12 可见，两种厚度规格的钢板各项性能均达到了 EH40 级别的要求。70mm 钢板轧态金相组织如图 3-5 所示。由图 3-5 可见，钢板表面为常见的过冷组织，1/4 处组织为多边形铁素体 + 针状铁素体 + 珠光体，心部组织为多边形铁素体 + 珠光体。

3.2.3 大热输入焊接结果

选取 40mm 钢板加工成焊接热模拟试样，采用热力模拟试验机进行大热输入焊接热模拟实验，实验结果表明：试制钢的大热输入焊接性能能够稳定达到 800kJ/cm，其 −20℃ 冲击功值均大于 100J，焊接热影响区具有良好的低

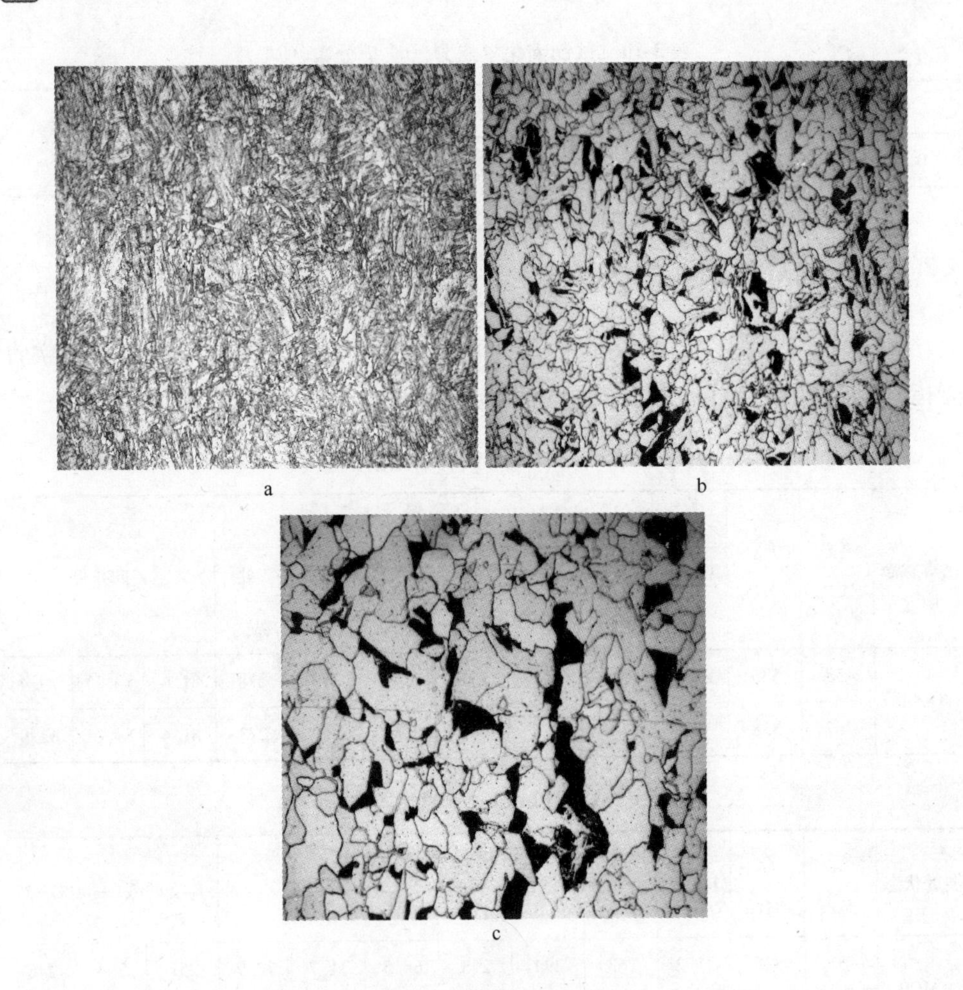

图 3-5 试制钢金相组织

a—表面 500×；b—1/4 500×；c—1/2 500×

温冲击韧性。实验参数及实验结果如表 3-13 所示。

表 3-13 焊接热模拟试验结果

热输入/kJ·cm^{-1}	峰值温度/℃	停留时间/s	$t_{8/5}$/s	A_{KV}(-20℃)/J
100	1400	1	138	287，225，174
200	1400	1	215	267，168，226
300	1400	3	309	262，119，259
400	1400	3	325	231，232，243
500	1400	5	550	196，207，209
800	1400	30	730	217，165，188

模拟热输入为800kJ/cm时的金相组织如图3-6所示。由图3-6可见，在模拟熔合线部位的金相组织中形成大量典型的以夹杂物为核的针状铁素体，且针状铁素体的含量≥80%，在原奥氏体晶界处形成块状的多边形铁素体，具有良好的冲击韧性。

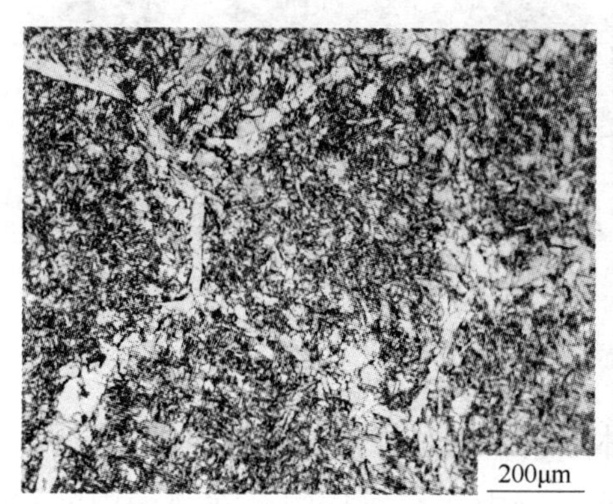

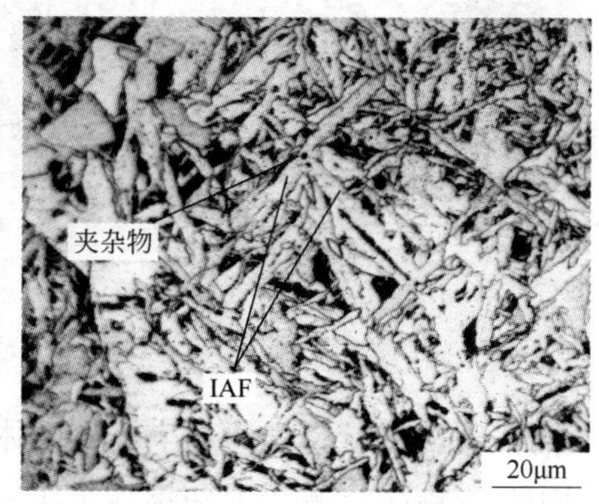

图3-6 焊接热模拟金相组织

（Q=800kJ/cm；PT=1400℃、保温30s；A_{KV}（-20℃）=188J）

将试制的60mm钢板送造船厂进行大热输入实物焊接实验，按照中国船级社《材料与焊接规范》，采用气电立焊进行单面单道大热输入焊接试验，结果表明：该钢板在焊接热输入为430kJ/cm的条件下，仍具有良好的焊接性能，实验结果如表3-14所示，其焊接熔合线部位的金相组织如图3-7所示。

表3-14 气电立焊结果

焊接热输入/kJ·cm^{-1}	R_m/MPa	取样位置	缺口位置	A_{KV}(-20℃)/J
430	545	焊缝正面	WM	81，70，90
			FL	187，136，144
			FL+2mm	133，131，140
			FL+5mm	218，270，258
			FL+10mm	243，231，224
		焊缝背面	WM	118，140，125
			FL	106，73，130
			FL+2mm	201，183，137
			FL+5mm	205，281，212
			FL+10mm	303，303，300

由图3-7可见：在母材靠近熔合线部位的金相组织为块状的晶界铁素体，

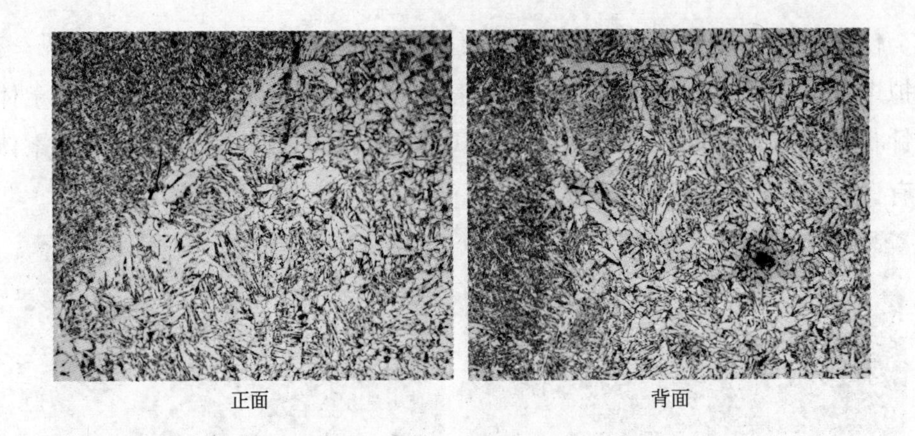

图 3-7 焊接接头金相组织（200×）

晶内为大量的针状铁素体加少量贝氏体组织，满足强韧性指标要求。

用扫描电镜检测的夹杂物结果表明，钢中所有取样的全部视场内的复合夹杂物尺寸均小于5μm，说明氧化物冶金工艺效果明显，这是钢板焊接热输入较高的重要原因之一。

从以上数据可以看出，湘钢工业试制成功的 EH40 船板各项力学性能满足船规要求，且具有不低于日本现有造船钢板的大热输入焊接性能，具有良好的市场推广应用前景。

3.2.4 小结

采用新工艺试制的 EH40 钢板，力学性能符合国家标准及船级社规范要求，模拟焊接热输入能够达到 800kJ/cm，实物焊接热输入在 430kJ/cm 的条件下仍具有良好的强度和韧性，已经达到世界最好水平。该钢板的大面积推广应用，将大幅度提升我国造船行业的生产效率，降低船舶舰艇的制造成本，给相关企业带来巨大的经济效益，同时对我国的国防建设将产生深远的积极影响。

3.3 海洋平台用钢板

目前国产海洋平台用钢为正火材，而这类正火态钢板只能承受 50kJ/cm 以下的焊接热输入，因此能够承受 50kJ/cm 以上热输入的大热输入焊接用海洋平台用钢的研究开发与工业应用已引起国内各钢铁企业的广泛关注。由于海洋平台用钢多为厚钢板，若保证其正火后的强度级别，必须将 TMCP 态船板钢的 C 含量提高，这将增大正火供货的海洋平台用钢的焊接裂纹敏感组成，对提高这类钢板的大热输入焊接性能产生不利影响。国外正火态海洋平台用钢的最高热输入水平是 200kJ/cm，国内的最好水平是 50kJ/cm。采用新工艺在南钢试制的海洋平台用钢，获得了良好的大热输入焊接性能。

3.3.1 试制钢坯料化学成分

大热输入焊接用 EH36N 海工钢铸坯成分如表 3-15 所示，化学成分符合国标及九国船级社规范。连铸坯化学成分实测 $C_{eq}=0.44$，$P_{cm}=0.24$。

3.3.2 钢板力学性能

连铸坯厚度为 220mm，采用 TMCP 工艺轧制成 60mm、80mm 钢板，再将轧后钢板进行正火处理。工业生产 E36N 海工钢的力学性能如表 3-16 所示。

表 3-15 试制钢坯料的化学成分

编 号	类别	C	Si	Mn	P	S	Alt	Nb	Ni	Ti
E36N	范围	0.12 ~ 0.16	0.20 ~ 0.30	1.30 ~ 1.55	<0.012	<0.005	0.02 ~ 0.04	0.015 ~ 0.040	0.20 ~ 0.40	0.010 ~ 0.020

表 3-16 试制钢力学性能

钢板厚度/mm	状态	常温拉伸				A_{KV}/J					Z 向拉伸
		位置	R_{eL}或R_{eH}/MPa	R_m/MPa	A/%	温度/℃	1	2	3	平均	
60	TMCP	表面	380	529	32	-40	213	264	252	243	77.00, 77.00, 75.00 76.30
		1/4	/365	512	33.5	-40	246	250	222	239	
		1/2	/341	512	30	-40	147	87	189	141	
	正火	表面	489	611	24	-40(纵)	198	219	225	214	70.00, 72.00, 73.00 71.70
						-40(横)	194	183	184	187	
						-60(横)	173	212	156	180	
		1/4	486	602	24	-40(纵)	195	186	186	189	
						-40(横)	182	170	171	174	
						-60(横)	129	146	108	128	
		1/2	402	552	24	-40(纵)	172	121	156	150	
						-40(横)	179	76	142	132	
						-60(横)	151	67	93	104	

续表 3-16

钢板厚度/mm	状态	常温拉伸				A_{KV}/J					Z 向拉伸
		位置	R_{eL} 或 R_{eH}/MPa	R_m/MPa	A/%	温度/℃	1	2	3	平均	
80	TMCP	表面	378	518	33	-40	249	213	234	232	76.00, 74.00, 75.00 75.00
		1/4	/355	503	34.5	-40	273	300	300	291	
		1/2	/338	510	30	-40	247	181	186	205	
	正火	表面	389	535	31	-40(纵)	245	202	268	238	77.00, 76.00, 75.00 76.00
						-40(横)	254	181	250	228	
						-60(横)	154	190	163	169	
		1/4	380	533	34.5	-40(纵)	216	321	252	263	
						-40(横)	187	195	205	196	
						-60(横)	124	167	160	150	
		1/2	373	526	29.5	-40(纵)	136	121	145	134	
						-40(横)	102	98	104	101	
						-60(横)	86	79	91	85	
标准要求			≥355	490～630	≥21	-40	纵≥50;横≥34				Z35

由表 3-16 可见：60mm 厚度的钢板经 TMCP 轧制后正火，钢板的强度增加 60～100MPa，伸长率下降，冲击功值稍有降低，Z 向拉伸有所降低，总体的正火性能均符合标准要求并有较大富余量。80mm 厚度的钢板经 TMCP 轧制后正火，钢板的强度增加 10～35MPa，伸长率基本不变，表面和 1/4 处的冲击功值变化不大，1/2 处的冲击功值下降幅度较大，但仍符合标准要求，Z 向拉伸基本不变，总体的正火性能均符合标准要求。钢中夹杂物分布均匀、尺寸细小，扫描电镜的统计结果如图 3-8 所示。由图 3-8 可见：钢板中心部位的夹杂物平均尺寸为 3.7μm，从中心部位至钢板表面，夹杂物的平均尺寸逐渐减小至 2.2μm。表明所实行的新工艺取得了良好的效果。

3.3.3 大热输入焊接结果

选取 80mm 厚度的钢板，在 1/4 处取焊接热模拟试样，选取峰值温度为 1400℃模拟熔合线附近的焊接热循环；为考察 HAZ 区域的两相区性能，选取峰值温度为 780℃模拟两相区的焊接热循环。焊接热模拟结果如表 3-17 所示。

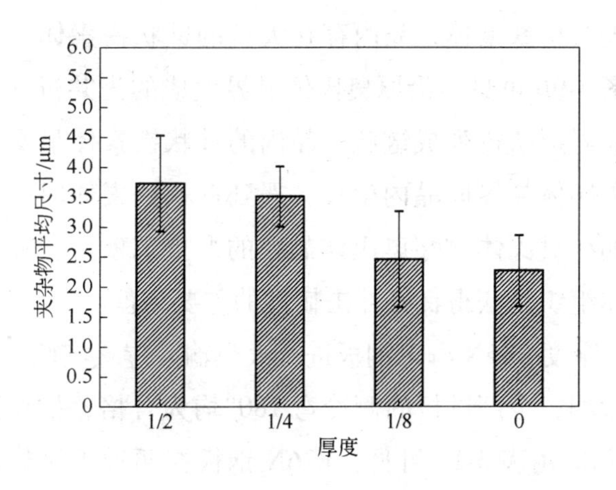

图 3-8 夹杂物的尺寸分布

表 3-17 焊接热模拟结果

焊接热输入/kJ·cm^{-1}	峰值温度/℃	A_{KV}(-40℃)/J			平均/J
50	780	156	72	78	102
	1400	88	59	94	80
100	780	87	151	69	103
	1400	63	76	63	67
200	780	160	208	215	194
	1400	101	68	77	82

焊接热输入为200kJ/cm的金相组织如图3-9所示。由图3-9a可见：试制钢的模拟熔合线部位的原奥氏体晶粒尺寸约为200~300μm，金相组织为原奥

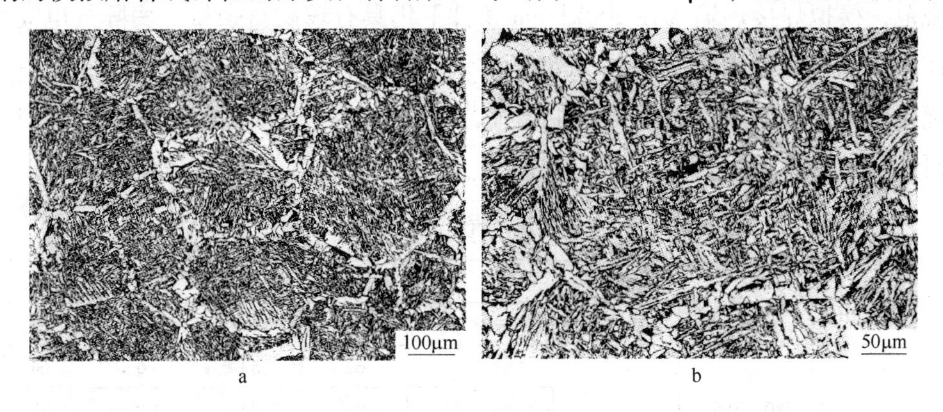

a b

图 3-9 焊接热模拟金相组织

a—200×；b—500×

氏体晶界处的先共析铁素体，晶内存在大量的针状铁素体，也存在少量的贝氏体组织；由图3-9b可见：沿原奥氏体晶界生成的先共析铁素体呈多边形块状并沿奥氏体晶界形状排列成链状，晶内的针状铁素体呈交叉互锁状，部分贝氏体组织沿奥氏体晶界向晶内生长，遇到针状铁素体时停止继续长大，没有形成传统钢那种贝氏体贯穿奥氏体晶粒的严重现象。这种先共析铁素体和晶内针状铁素体组织是获得良好冲击韧性的重要条件。

选取60mm厚度E36N海工钢板进行大热输入焊接实验，按照船级社规范进行力学性能检测，全部试板的侧冷弯180°均为合格，抗拉强度与冲击功结果如表3-18所示。由表3-18可见：E36N钢板在两种焊接热输入条件下的焊接接头抗拉强度均为合格；其中热输入为168kJ/cm条件下，焊缝及热影响区的冲击功值均为合格，但富余量不大；当焊接热输入为304kJ/cm时，焊缝的冲击功值进一步降低，热影响区的冲击功值变化不大，仍具有合格的性能。由于目前的国产焊材中，尚没有适合于焊接热输入大于200kJ/cm的产品，几乎全部依赖进口，因此，研究开发适用于大热输入焊接的专用焊接材料需引起相关领域科技工作者的足够重视。

3.3.4 小结

采用新工艺在工业生产线上成功试制出 $C_{eq}=0.44$、$P_{cm}=0.24$ 的大热输入焊接用海洋平台用正火钢，钢板的各项力学性能符合国家标准及各船级社规范，模拟焊接热输入在200kJ/cm条件下仍具有较高富余量，实际气电立焊在不预热且热输入为300kJ/cm的条件下，仍具有合格的焊接性能。在进一步优化国产大热输入焊接海工钢生产工艺的同时，与钢板相配套的焊接材料的研究开发已迫在眉睫。

表3-18 气电立焊结果

焊接方法	R_m/MPa	热输入 /kJ·cm^{-1}	A_{KV}(−40℃)/J				
			取样位置	1	2	3	平均
EGW	580，585 断于母材	168	焊　缝	62	53	76	64
			熔合线	91	75	125	97
			线外1mm	89	86	108	94
			线外3mm	168	55	153	125

续表 3-18

焊接方法	R_m/MPa	热输入 /kJ·cm^{-1}	A_{KV}(−40℃)/J				
			取样位置	1	2	3	平均
EGW	580，585 断于母材	168	线外 5mm	113	142	83	112
			线外 7mm	156	131	126	138
			线外 20mm	181	193	215	196
	526，522 断于母材	304	焊　缝	32	38	35	35
			熔合线	71	75	51	66
			线外 1mm	90	89	84	88
			线外 3mm	103	95	71	90
			线外 5mm	89	105	111	102
			线外 7mm	123	129	157	130
			线外 20mm	192	210	193	198

4 结　论

（1）氧化物冶金新技术在钢铁材料生产中的推广应用，对大力发展节约型高性能产品并协助下游用户实现绿色制造，实现大幅度节约资源和能源，减少对合金元素的过度依赖和资源的过度消耗具有重要意义，在当前形势下对我国钢铁行业的结构调整和生产效益的提升，实现社会高效、可持续发展，具有非常重要的实际意义。

（2）东北大学 RAL 国家重点实验室在王国栋院士的亲自指导下，多年来通过氧化物冶金新技术的基础研究，掌握了向钢中添加钛、镁、锆、稀土等元素的基本原理及添加方法，研究开发出热输入达到 100～1000kJ/cm 且适于不同性能要求的大热输入焊接原型钢，形成了具有自主知识产权的新型大热输入焊接用钢生产工艺控制技术，打破了国外的长期技术封锁，扭转了国产钢板最高焊接热输入长期以来一直停留在 100kJ/cm 的被动局面，加快了大热输入焊接用钢的国产化进程。

（3）采用东北大学 RAL 国家重点实验室研究开发的新技术和新工艺，工业生产的原油储罐钢板实物焊接热输入已经达到 200kJ/cm 以上，并批量供货于国家二期石油储备库建设；工业生产的 TMCP 船板钢的实际焊接热输入可达 430kJ/cm，工业试制成功的海洋平台正火钢（$C_{eq}=0.44$）的实际焊接热输入可达 300kJ/cm，这几种钢板的实物质量已达到国际先进水平并具备大批量工业生产条件，有待于国家相关部门认证后大面积推广应用。

（4）展望未来，基于氧化物冶金的大热输入焊接用钢生产新工艺是一种共性的应用技术，它可以延伸拓展至其他众多结构钢品种的应用领域或将现有的品种进行升级换代，或研究开发大热输入焊接用途以外的新钢种。另外，随着大热输入焊接用钢开发的深入及推广应用，与之相配套的国产焊接材料研究开发与生产也应该加快进行。

参 考 文 献

[1] Kojima Akihiko, Kiyose Akihito. Super high HAZ toughness technology with fine microstructure imparted by fine particles[J]. Nippon Steel Technical Report, 2004, 6: 2 ~ 6.

[2] Minagawa Masanori, Shida Koji. 390MPa yield strength steel plate for large heat-input welding for large container ships[J]. Nippon Steel Technical Report, 2004, 6: 7 ~ 10.

[3] Kojima Akihiko, Yoshii Ken-ichi. Development of high HAZ toughness steel plates for box columns with high heat input welding[J]. Nippon Steel Technical Report, 2004, 6: 39 ~ 44.

[4] Nagahara Massaki, Fukami Hidenori. 530N/mm^2 tensile strength grade steel plate for multi-purpose gas carrier[J]. Nippon Steel Technical Report, 2004, 6: 11 ~ 13.

[5] Terada Yoshio, Kojima Akihiko. High-strength line pipes with excellent HAZ toughness[J]. Nippon Steel Technical Report, 2004, 6: 88 ~ 93.

[6] 新日铁厚板营业部. ナノ粒子を利用した溶接部高韧性高張力厚鋼板の開発[J]. 新日鉄技報, 2004, 380: 82.

[7] 児島明彦, 植森龍治, 皆川昌紀, 等. 微細粒子による溶接熱影響部の組織微細化技術『HTUFF』を適用した厚鋼板の開発[J]. まてりあ, 2003, 42(1):67 ~ 69.

[8] 小野守章. 最近の厚板溶接技術および熱影響部組織制御技術の進歩[J]. JFE 技報, 2007, 18: 7 ~ 12.

[9] 木村達己, 角博幸, 木谷靖. 溶接部韧性に優れた建築用高張力鋼板と溶接材料—大入熱溶接部の高品質化を実現するJFE EWEL 技術[J]. JFE 技報, 2004, 5: 38 ~ 44.

[10] Kenji, Seiji, Ichiro. High performance 550MPa class high tensile strength steel plates for building[J]. JFE Technical Report, 2005,(5):53 ~ 59.

[11] Kenji, Kiyomi, Takashi. High performance for tank and pressure vessel use high strength steel plates with excellent weld-ability and superior toughness for the energy industry[J]. JFE Technical Report, 2005(5):66 ~ 73.

[12] Akio Kazuo. JFE steel's advanced manufacturing technologies for high performance steel plates [J]. JFE Technical Report, 2005(5):10 ~ 15.

[13] 鈴木伸一, 大井健次, 一宮克行, 等. マイクロアロイング制御による大入熱溶接熱影響部韧性向上技術「JFEEWEL」および本技術を用いた厚鋼板の開発[J]. まてりあ, 2004, 43(3):232 ~ 234.

[14] 笠松裕, 高嶋修嗣, 細谷隆司. 50kg/mm^2 級高張力鋼板の大入熱溶接熱影響部の韧性におよぼすTiおよびN量の影響[J]. 鉄と鋼, 1979, 65(18):1232 ~ 1241.

[15] 畑野等, 岡崎喜臣, 川野晴弥, 等. 微細低炭素ベイナイト技術による大入熱溶接熱影

響部靱性に優れた高強度厚鋼板の開発[J]. 日本金属学会会報, 2004, 43(3): 244~246.

[16] 一宮克行, 角博幸, 平井龍至.「JFE EWEL」技術を適用した大入熱溶接仕様 YP460 級鋼板[J]. JFE 技報, 2007, 18: 13~17.

[17] 鈴木伸一, 一宮克行, 秋田俊和. 溶接熱影響部靱性に優れた造船用高張力鋼板[J]. JFE 技報, 2004, 5: 19~24.

[18] 皆川昌紀, 石田浩司, 船津裕二, 等. 大型コンテナ船用大入熱溶接対応降伏強度 390MPa 級鋼板[J]. 新日鉄技報, 2004, 380: 6~8.

[19] 岡野重雄, 小林洋一郎, 柴田光明, 等. 大型コンテナ船用大入熱溶接型 YP355~460MPa 級鋼板及び溶接材料[J]. 神戸製鋼技報, 2002, 52(1):2~5.

[20] 安部研吾, 泉学, 柴田光明, 等. 大入熱溶接用高強度厚鋼板[J]. 神戸製鋼技報, 2005, 55(2):26~29.

[21] 高橋祐二, 泉学, 安部研吾, 等. 超大型コンテナ船向け大入熱溶接用 YP355MPa 級厚肉鋼板の開発[J]. 神戸製鋼技報, 2008, 58(1):42~46.

[22] 金子雅人, 泉学, 古川直宏, 等. 超大型コンテナ船向け大入熱溶接用 YP460MPa 級厚肉鋼板の開発[J]. 神戸製鋼技報, 2008, 58(1):39~41.

[23] 児島明彦, 清瀬明人, 植森龍治, 等. 微細粒子によるHAZ 細粒高靱化技術"HTUFF"の開発[J]. 新日鉄技報, 2004, 380: 2~5.

[24] 児島明彦, 吉井健一, 秦知彦, 等. 大入熱溶接に対応した建築鉄骨用高 HAZ 靱性鋼の開発[J]. 新日鉄技報, 2004, 380: 33~37.

[25] 石井匠, 藤沢清二, 大森章夫. 超高層ビル向け建築構造用鋼材の概要と適用例[J]. JFE 技報, 2008, 21: 1~7.

[26] 木村達己, 久田光夫, 藤沢清二, 等. 超大入熱溶接部靱性に優れる建築構造用厚鋼板[J]. 川崎製鉄技報, 2002, 34(4):16~21.

[27] 小林克壮, 塩飽豊明. 建築構造用高性能 TS550MPa 級厚鋼板および円形鋼管[J]. 神戸製鋼技報, 2008, 58(1):47~51.

[28] 川野晴弥, 柴田光明, 岡野重雄, 等. 超高層ビル用高 HAZ 靱性 TMCP 鋼板[J]. 神戸製鋼技報, 2004, 54(2):110~113.

[29] 畑野等, 川野晴弥, 岡野重雄. 建築構造用 780MPa 級鋼板[J]. 神戸製鋼技報, 2004, 54(2):105~109.

[30] 壱岐浩, 大西一志, 大竹章夫, 等. 溶接性に優れた建築用高性能 HT590 鋼板の開発[J]. 住友金属, 1998, 50(1):43~47.

[31] 菅俊明, 山内学, 宮脇淳, 等. 新開発の橋梁用高性能鋼板[J]. 神戸製鋼技報, 1999,

49(2):31~35.

[32] 川野晴弥，岡野重雄，堺雅彦，等．海浜・海岸耐候性鋼板と溶接材料[J]．神戸製鋼技報，2002，52(1):25~28.

[33] 岡野重雄，児山拓郎，小林洋一郎，等．溶接性に優れたTMCP 型 HT570 鋼板[J]．神戸製鋼技報，2002，52(1):20~24.

[34] 大西宏道．橋梁用高性能 570MPa 級鋼板「BHS500」[J]．神戸製鋼技報，2005，55(3):96~98.

[35] 西村公宏，松井和幸，津村直宜．橋梁用高性能鋼板-次世代合理化設計を可能とする溶接性に優れた高強度厚板[J]. JFE 技報，2004，5：25~30.

[36] 本間宏二，田中睦人，松岡和巳，等．橋梁用高性能鋼 BHSの利用技術開発[J]．新日鉄技報，2007，387：47~52.

[37] 塩谷和彦，川端文丸，天野虔一．溶接性に優れた極低炭素ベイナイト型新耐候性鋼[J]．川崎製鉄技報，2001，33(2):97~101.

[38] 矢島浩，多田益男，萩原孝一，等．寒冷海域海洋構造物用高張力鋼の大入熱溶接継手特性とその評価（その3）[J]．西部造船会会報，1992，83：245~252.

[39] 寺田好男，千々岩力雄，為広博，等．大入熱溶接継手靱性の優れたYP42kgf/mm^2 級海洋構造物用鋼板の開発[J]．鉄と鋼，1987，73(13):S1308.

[40] 渡辺征一，有持和茂，古澤遵，等．大入熱溶接継手部靱性の優れた氷海域構造物用 50Kg/mm^2 級高張力鋼の開発[J]．溶接学会全国大会講演概要 1985，37：210~211.

[41] Date Akihiro，Mamada Nobuhiko，Watanable Yoshiyuki，et al. History of the development and characteristics of HT610N/mm^2-class steel plates for large oil storage tanks[C]. Symposium of Seminar on Construction of petroleum storage，Beijing：2004，140~152.

[42] 林謙次，荒木清己，阿部隆．タンク・圧力容器用高性能鋼板—エネルギー産業を支える溶接性に優れた高靱性高張力鋼板[J]. JFE 技報，2004，5：56~62.

[43] 林謙次，長尾彰英，松田穣．炭化物微細分散技術を適用したタンク・ペンストック用高靱性 550，610MPa 級高張力厚鋼板[J]. JFE 技報，2007，18：35~40.

[44] 小俣一夫，吉村洋，山本定弘．高度な製造技術で応える高品質高性能厚鋼板[J]. NKK 技報，2002，179：57~62.

[45] 钢铁信息参考（内部资料）.

[46] 张汉谦，江来珠．大型原油储罐用 B610E（08MnNiVR）高强度调质钢板研制[J]．宝钢技术，2006，4：20~22.

[47] 郑英杰，薛东妹，柴锋．大线能量焊接 DH36 钢焊接热影响区组织与性能研究[J]．上海金属，2010，32(2):30~33.

[48] 张汉谦，江来珠．石油储罐工程用高强度钢研究和应用进展[C]．第十一次全国焊接会议，北京，2005.

[49] 罗中和．推动大型石油储罐用高强度钢板研发[N]．大型石油储罐配套焊材开发项目启动，中国冶金报—用户服务导刊，2004，09，25.

[50] 坪井潤一郎，西山昇，中野昭三郎，等．溶接熱影響部のじん性について大入熱溶接用鋼の研究(I)[J]．溶接学会全国大会講演概要，1974，15：110～111.

[51] 笠松裕，高嶋修嗣，細谷隆司．溶接構造用高張力鋼の溶接熱影響部の靱性に及ぼす島状マルテンサイトの影響[J]．鉄と鋼，1979，65(8):1222～1231.

[52] 岡田斎，松田福久，李鍾麟．単層及び多重溶接熱サイクル再現溶接熱影響部の靱性に及ぼす島状マルテンサイトの挙動に関する[C]．検討溶接学会論文集，1994，12(1)：126～131.

[53] 粟飯原周二．TMCP 鋼の大入熱溶接熱影響部靱性[J]．溶接学会誌，1997，66(4):268.

[54] 西森正德，林透，川端文丸，等．超大入熱溶接熱影響部の粒内組織制御[C]．日本鉄鋼協会講演論文集，1997，10(3):592.

[55] 川野晴弥，横山幸夫，小林光博，等．超大入熱溶接 HAZ 靱性に優れた建築構造用鋼板[C]．日本建築学会学術講演梗概集，北海道，2004，543～544.

[56] 郭汉杰．冶金物理化学教程[M]．北京：冶金工业出版社，2004：215～226.

[57] 田彦文，翟秀静，刘奎仁．冶金物理化学简明教程[M]．北京：化学工业出版社，2007：156～168.

[58] 黄希祜．钢铁冶金原理[M]．北京：冶金工业出版社，2002：339～360.

[59] 魏寿昆．冶金过程热力学[M]．北京：科学出版社，2010：124～128.

[60] 王淑兰．物理化学[M]．3 版．北京：冶金工业出版社，2007：267～278.

[61] Keith J Barker，Charles Blumenschein，Ben Bowman，et al. Steelmaking[M]. Pittsburgh PA：The AISE Steel Foundation，1998：414～428.

[62] 李慧改，吴春峰，赵丹，等．钢凝固过程超细钛氧化物析出的热力学分析[J]．上海金属，2011，33(2):36～39.

[63] 傅杰，朱剑，迪林，等．微合金钢中 TiN 的析出规律研究[J]．金属学报，2000，36(8):801～804.

[64] 黒沢文夫，鈴木茂．鉄鋼材料の表面・界面分析に関する最近の研究[J]．日本金属学会会報，1991，30：640～647.

[65] Kampmann L，Kahlweit M. On the theory of precipitations II zur theorie von fällungen II[J]. Berichte der Bunsen-Gesellschaft für Physikalische Chemie，1970，74(5):456～462.

[66] Kluken A O，Grong Φ. Mechanisms of inclusion formation in Al-Ti-Si-Mn deoxidized steel weld

metals[J]. Metallurgical Transactions A, 1989, 20A: 1335 ~ 1349.

[67] 宮下芳雄. シリコン脱酸時における溶解酸素の挙動について[J]. 鉄と鋼, 1966, 52(7):1049 ~ 1060.

[68] 後藤裕規, 宮沢憲一, 山田亘, 等. 凝固中に生成する鋼中酸化物の組成に及ぼす冷却速度の影響[J]. 鉄と鋼, 1994, 80: 113 ~ 118.

[69] Mikio Suzuki, Ryuji Yamaguchi, Katsuhiko Murakami, *et al*. Inclusion Particle Growth during Solidification of Stainless Steel[J]. ISIJ International. 2001, 41: 247 ~ 256.

[70] 池野輝夫, 金沢正午, 中島明, 等. 大入熱溶接ボンド部の粗粒化防止と靱性改良に対するTiNの利用[J]. 鉄と鋼, 1973, 59(4):S148 ~ S152.

[71] 笠松裕, 高嶋修嗣, 細谷隆司. 大入熱溶接熱影響部におけるTiN 粒子の析出挙動とγ粒径との関係[C]. 鉄と鋼, 日本鐵鋼協會々誌, 1976, 62(11):S678.

[72] 笠松裕, 高嶋修嗣, 細谷隆司. 50kgf/mm^2 級高張力鋼板の大入熱溶接熱影響部のじん性におよぼすTiおよびN 量の影響[J]. R&D 神戸製鋼技報, 1979, 29(4):53 ~ 57.

[73] 尹桂全, 高甲生, 洪永昌, 等. 微量 Nb 对微 Ti 钢焊接 HAZ 奥氏体晶粒长大的影响[J]. 焊接学报, 1998, 19(1):13 ~ 18.

[74] George T J, Irani J J. Control of the austenite grain size by small additions of titanium[J]. Journal of the Australian Institute of Metals, 1968, 13: 94 ~ 100.

[75] Koda Munetaka. Relation between solution behavior of TiN particles and austenite grain size in synthetic HAZ[C]. Tetsu-to-Hagane. 1984. 70(13):S1265.

[76] Strid J, Easterling Ke. On the chemistry and stability of complex carbides and nitrides in microallo yed steels[J]. Acta Metallurgica, 1985, 33(11):205 ~ 209.

[77] Jian Yang, TatsuhitoYamasaki, Mamoru Kuwabara. Behavior of inclusions in deoxidation process of molten steel within situ produced Mg vapor[J]. ISIJ International, 2007, 47(5): 699 ~ 700.

[78] 伊東裕恭, 日野光兀, 萬谷志郎. 溶鉄のMg 脱酸平衡[J]. 鉄と鋼, 1997, 83(10): 623 ~ 628.

[79] Zhongting Ma, Dieter Janke. Characteristics of oxide precipitation and growth during solidification of deoxidized steel[J]. ISIJ International, 1998, 38(1):46 ~ 52.

[80] Byun J S, Shim J H, Cho Y W, et al. Non-metallic inclusion and intragranular nucleation of ferrite in Ti-killed C-Mn steel[J]. Acta Materialia, 2003, 51: 1593 ~ 1606.

[81] Kim Han-Soo, Lee Hae-Geon, Oh Kyung-Shik. Evolution of size composition and morphology of primary and secondary inclusions in Si/Mn and Si/Mn/Ti deoxidized steels[J]. ISIJ International, 2002, 42: 1404 ~ 1408.

[82] 重里元一，杉山昌章，児島明彦，等．Tiオキサイド鋼の粒内変態に及ぼすMn欠乏の役割[C]. 材料とプロセス，2003，16(6):1532.

[83] Jirr ichi Takamura，Shozo Mizoguchi. Roles of oxides in steel performance. Proceedings of the sixth internal iron and steel congress[C]. Nagoya，ISIJ International，1999，591~597.

[84] Maki Ito，Kazuki Morita，Nobuo Sano. Thermodynamics of the $MnO-SiO_2-TiO_2$ system at 1673 K[J]. ISIJ International，1997，37：839~843.

[85] Mitsuhiko Ohta，Kazuki Morita. Thermodynamics of the $MnO-Al_2O_3-TiO_2$ System[J]. ISIJ International，1999，39：1231~1238.

[86] Shim J H，Oh Y J，Suh J Y. Ferrite nucleation potency of non-metallic inclusions in medium carbon steels[J]. Acta Materialia，2001，49：2115~2122.

[87] 児島明彦，清瀬明人，皆川昌紀，等．微細粒子によるHAZ組織微細化技術を適用した厚鋼板の開発[C]. 材料とプロセス，2003，16(2):360~363.

[88] King A D，Bell T. Morphology and crystallography of Widmanstatten proeutectoid ferrite[J]. Metal Science，1974，8：253~260.

[89] King A D，Bell T. Crystallography of grain boundary proeutectoid ferrite[J]. Metallurgical Transactions A，1975，6：1419~1429.

[90] Shim J，Cho Y. Nucleation of intragranular ferrite at Ti_2O_3 particle in low carbon steel[J]. Acta Materialia，1999，47(9):2751~2757.

[91] Madariaga I，Gutierrez I. Role of the particle matrix inter-face on the nucleation of acicular ferrite in a medium carbon microalloyed steel[J]. Acta Materialia，1999，47(3):951~955.

[92] Enomoto M. Control of transformation and microstructure of steels by inclusions[J]. Metals and Materials Internationa，1998，4(2):115~119.

[93] Ohno Y，Okamura Y，Matsuda S，et al. Characteristics of HAZ microstructure in Ti-B treated steel for large heat input welding[J]. Tetsu-to-Hagane，1987，73(8):1010~1017.

[94] Gregg J M，Bhadeshia H K D H. Bainite nucleation from mineral surfaces[J]. Acta Metallurgicaet Materialia，1994，42(10):3321~3330.

[95] Thewlis G，Whiteman J A，Senogles D J. Dynamics of austenite to ferrite phase transformation in ferrous weld metals Authors[J]. Materials Science and Technology，1997，13(3): 257~274.

[96] Jirr ichi Takamura，Shozo Mizoguchi. Roles of oxides in steel performance[C]. Proceedings of the sixth internal iron and steel congress. Nagoya，ISIJ International，1999，591~597.

[97] Lee T K，Kim H J，Kang B Y，Hwang S K. Effect of inclusion size on the nucleation of acicular ferrite in welds[J]. ISIJ International，2000，40(12):1260~1268.

[98] Hong S G, Kang K J, Park C G. Strain-induced precipitation of NbC in Nb and Nb-Ti microalloyed HSLA Steels[J]. Scripta Materialia, 2002, 46(2):163 ~ 168.

[99] Kweon K, Kim J, Hong J, Lee C. Microstructure and toughness of intercritically reheated heat affected zone in reactor pressure vessel steel weld[J]. Sci Tech Welding & Joining, 2000, 5(3):161 ~ 167.

[100] Zhang D, Terasaki H, Komizo Y-i. In situ observation of the formation of intragranular acicular ferrite at non-metallic inclusions in C-Mn steel [J]. Acta Mater, 2010, 58(4): 1369 ~ 1378.